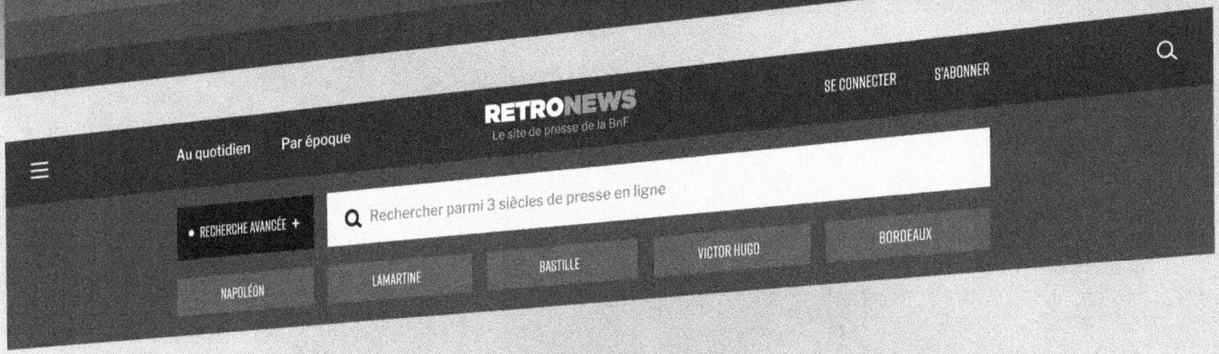

BULLETIN

DE LA

SOCIÉTÉ PHILOMATHIQUE

DE BORDEAUX

Fondée en 1808

DÉCLARÉE ÉTABLISSEMENT D'UTILITÉ PUBLIQUE

PAR DÉCRET DU 27 JUILLET 1859.

1895

BORDEAUX

CHEZ G. GOUNOUILHOU, IMPRIMEUR DE LA SOCIÉTÉ

ancien hôtel de l'Archevêché (entrée rue Guiraude, 11).

1896

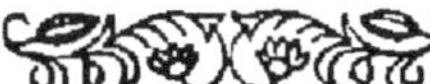

BULLETIN

DE LA

SOCIÉTÉ PHILOMATHIQUE

DE BORDEAUX

BULLETIN

DE LA

SOCIÉTÉ PHILOMATHIQUE

DE BORDEAUX

Fondée en 1808

DÉCLARÉE ÉTABLISSEMENT D'UTILITÉ PUBLIQUE

PAR DÉCRET DU 27 JUILLET 1859.

—

1895

BORDEAUX

CHEZ G. GOUNOUILHOU, IMPRIMEUR DE LA SOCIÉTÉ

ancien hôtel de l'Archevêché (entrée rue Guiraude, 11).

—

1896

BULLETIN

DE LA

SOCIÉTÉ PHILOMATHIQUE

DE BORDEAUX

COMITÉ D'ADMINISTRATION

pour l'année 1896

Président.......	BUHAN (EUG.) ✻ ✻✻, négociant.
Vice-Président....	TISSEYRE (ALB.) ✻ ✻, propriétaire.
Secrétaire général.	AVRIL (J.) ✻ ✻, ingénieur des arts et manufactures, ingénieur de la Cie du Gaz de Bordeaux.
Trésorier.......	BRANDENBURG (J.) ✻, négociant.
Archiviste.......	SAMAZEUILH (F.) ✻ (✻ I.), banquier, membre de la Chambre de commerce.
Secrétaires adjts..	GOYETCHE (L.) ✻✻✻, assureur maritime, consul de Roumanie. DUPUY (A.), avoué au Tribunal civil. FERRIÈRE (G.) ✻, lieutenant de vaisseau démissionnaire. BÉNARD (CH.) ✻✻, officier de marine, industriel.
Commissaires des dépenses......	SAUNIER (EM.), architecte. SENGÈS (F.), courtier, vice-consul de Turquie. WIDEMANN (G.), propriétaire.

Assemblée générale du 17 décembre 1895.

RAPPORT

SUR LES TRAVAUX DE L'ANNÉE 1895

présenté

par M. J. Avril, Secrétaire général.

Messieurs,

Depuis quelque temps vous êtes accoutumés à entendre dire et l'on se plaît à répéter, peut-être bien fréquemment, un peu partout autour de vous, que « la Société Philomathique joue vraiment de bonheur » ; récemment, c'était à propos de la journée, à la fois si populeuse et si populaire, de clôture de l'Exposition; et, hier encore, vous surpreniez cette phrase sur toutes les lèvres à l'annonce du placement si rapide des billets de la loterie de l'Exposition et au lendemain de son tirage prévu et exécuté à jour fixe.

Il faut laisser dire, Messieurs; on peut même croire à cette flatteuse et encourageante rumeur; mais, à coup sûr, il faut s'en réjouir, car il est toujours agréable de constater un succès, surtout quand il a été ardemment désiré, quand il profite au bien de tous et que de tous côtés tant d'efforts ont été faits pour l'obtenir.

Répétons donc avec le public que « la Société Philomathique a joué de bonheur » dans cette vaste entreprise de la XIIIe Exposition de Bordeaux qui marquera une phase si importante dans ses travaux, et qui fera de l'année 1895 une des plus brillantes et des plus fructueuses de son histoire.

Mais, sans rechercher pour aujourd'hui les causes de cette heureuse réussite, disons seulement que si les puissants patronages dont notre œuvre a été entourée dès le début, si le concours empressé et la collaboration dévouée de nos concitoyens, de nos compatriotes et de nos amis de l'étranger ont encouragé l'initiative hardie de votre Société; si, enfin, la situation admirable de l'Exposition sur cette grande place des Quinconces, en plein centre animé de Bordeaux, jointe aux faveurs d'une saison exceptionnelle, ont compté parmi les éléments certains de votre succès, disons aussi, Messieurs, bien haut que la préparation laborieuse, sage et réfléchie de l Exposition de 1895 n'a pas été sans influence sur les résultats obtenus. C'est grâce à son crédit dès longtemps établi que la Société Philomathique a pu, sans appréhension, entreprendre l'œuvre considérable aujourd'hui presque achevée; mais, reconnaissons que c'est grâce à sa forte organisation, à l'union qui règne entre tous ses membres, et c'est l'élite de la population bordelaise que je veux dire, qu'elle doit de l'avoir menée à bonne fin.

Je ne pouvais, Messieurs, vous présenter le compte rendu des travaux de l'année 1895 sans faire allusion tout d'abord à l'Exposition qui nous a tant occupés, — sauf à vous en entretenir avec plus de détails tout à l'heure, — mais il m'est agréable de constater d'autre part que le fonctionnement ordinaire de votre Société s'est normalement effectué et que l'enseignement populaire, qu'elle répand si largement chaque année, n'a nullement été négligé.

Cours gratuits d'adultes. — Pendant l'année scolaire qui vient de s'écouler, 2,424 élèves, hommes et femmes, ont suivi les 76 cours de diverse nature professés à l'École à raison de 3,378 inscriptions, c'est-à-dire que chaque élève est inscrit en moyenne à près d'un cours et demi, preuve manifeste d'un ardent désir de s'instruire.

Dans ces chiffres, la proportion des femmes est d'un tiers environ.

A la rentrée dernière le nombre total des élèves n'était que de 2,408 pour 3,236 inscriptions, ce qui implique un léger déficit sur l'effectif ordinaire de vos classes. Pourquoi donc cette diminution, même faible, dans la fréquentation des cours sinon pour la raison que l'instruction ordinaire est offerte chaque jour avec plus de facilités au public et qu'il se disperse entre ces divers enseignements qui le sollicitent de tous côtés?

La Société Philomathique ne peut rien contre cette tendance, d'ailleurs très louable, mais où elle peut et doit affirmer sa supériorité, c'est dans le développement constant de ces cours professionnels spéciaux si recherchés jusqu'à présent et qui sont de nature à lui attirer des élèves de plus en plus nombreux. Il faut aujourd'hui donner au public un enseignement essentiellement pratique, il faut mettre entre les mains des jeunes gens et des jeunes filles un métier qui soit pour eux une ressource assurée et facilement réalisable; telle est l'opinion de tous ceux qui s'intéressent à l'instruction populaire; tel était récemment l'avis exprimé par le troisième Congrès de l'enseignement technique commercial et industriel réuni à Bordeaux et qui parmi les vœux exprimés faisait nettement ressortir les suivants : développement du travail manuel, création d'écoles d'apprentissage, institution des cours professionnels de tous les métiers, des cours d'économie domestique et ménagers pour les jeunes filles, etc.

Nous sommes donc amenés à désirer l'installation de nouveaux cours pour augmenter et compléter l'enseignement philomathique; à vrai dire, les idées et les propositions ne manquent pas et le succès croissant des cours professionnels actuels est des plus encourageants; mais nous heurtons à la difficulté, dès longtemps signalée, d'une insuffisance absolue des locaux; l'École professionnelle est trop petite; du sous-sol aux étages elle regorge de classes elles-mêmes trop exiguës; et le moment approche certainement où le remède devra être recherché, trouvé et appliqué de concert, souhaitons-le, avec les hauts protecteurs de nos cours.

Telle est l'opinion que nous avons constamment exprimée devant les visiteurs qui chaque année viennent inspecter nos classes : M. le Préfet de la Gironde et M. le Recteur, la Chambre de commerce de Bordeaux, la Commission municipale, enfin les délégués des Ministères du commerce et de l'instruction publique.

Est-il besoin de dire que nous avons recueilli, lors de ces visites, de nombreux éloges sur la tenue de nos cours, éloges qu'il faut reporter, Messieurs, sur vos dévoués professeurs et sur votre éminent et zélé directeur M. Vergez ?

Une autre flatteuse constatation a pu être faite à l'occasion de l'Exposition de Bordeaux : cette année l'exhibition ordinaire des travaux d'élèves, qui précède de quelques jours la distribution des prix, n'a pas eu lieu; elle a été remplacée par l'Exposition, quasi permanente, de ces travaux dans les galeries de la place des Quinconces; plus de six cents de vos élèves y ont pris part et, fraternellement réunis, ont constitué une exposition collective remarquable; là, encore, s'est décelée la supériorité des cours professionnels d'hommes et de femmes, et l'attention apportée par les visiteurs aux ouvrages de peinture et d'art décoratif d'une part et aussi aux ouvrages de sculpture, de moulage, de tapisserie, de cordonnerie, de broderie, etc., est une preuve manifeste de la faveur croissante et de l'utilité immédiate de cet enseignement spécial; ajoutons que cette année, en particulier, vos élèves ont pu, outre les excursions ordinaires dans quelques usines de la région, se livrer, dans certains chais du Médoc et dans les caves de l'Exposition, à des études de vinification et à des dégustations que la réunion de tous les vins du monde rendait spécialement intéressantes.

Aussi bien, dans la vie pratique, les résultats d'un semblable enseignement sont-ils certains et je ne puis m'empêcher de féliciter ici l'Association amicale des anciens lauréats de nos cours, qui célébrait récemment, dans une réunion intime, les distinctions et les récompenses obtenues à l'Exposition par plusieurs de ses membres devenus, depuis l'école, des industriels honorables dans des professions diverses.

Persévérons donc, Messieurs, dans la voie du développement de l'instruction populaire utile. Les encouragements que les ministères nous donnent, sous forme de prix et de médailles, nous y poussent ; appelons à nous des élèves, et ce ne sera pas l'une des moindres satisfactions que la Société Philomathique recueillera de l'Exposition de 1895, si elle peut y trouver les moyens et les ressources nécessaires pour assurer ce développement.

École supérieure de commerce et d'industrie. — Nous recevions, ces jours derniers, la visite de la Chambre de commerce de Bordeaux, dont vous connaissez toute la sollicitude pour l'École supérieure de commerce, sollicitude toute naturelle de la part des premiers fondateurs de l'œuvre ; la Chambre, j'en suis certain, et les membres du Conseil supérieur de perfectionnement qui l'accompagnaient ont été vivement impressionnés par la nature de l'enseignement qui se donne dans nos classes et par l'attention assidue de nos élèves. Pendant près de deux heures les illustres visiteurs ont suivi, on peut le dire, divers cours de comptabilité, de langues étrangères, de sciences appliquées, etc., assisté à des examens, inspecté des études, et ce n'est pas pour nous, Messieurs, une mince marque d'intérêt que cette visite attentive d'hommes appartenant tous au haut commerce bordelais, protecteurs naturels et patrons futurs de nos jeunes élèves. Nous l'avons dit précédemment, avant comme après la reconnaissance par l'État des écoles de commerce de France, la direction de celle de Bordeaux était entre bonnes mains; le rôle de notre dévoué directeur, M. Manès, est prépondérant dans les résultats constatés et nous n'avons, comme au corps distingué de ses professeurs, qu'à lui adresser ici un juste tribut de compliments.

L'effectif des élèves s'est accru légèrement cette année; il était à la rentrée dernière de 150 contre 145 en 1894 et 142 en 1893; cette différence en faveur du progrès constant de l'École provient uniquement de l'année préparatoire puisque le nombre de places mises au concours d'entrée de la première année par les décisions ministérielles est demeuré, depuis trois ans, fixé à 55.

Et cependant le niveau des notes d'examen d'entrée s'élève constamment; cette année, sur 55 candidats admis on comptait 16 bacheliers, et le jury avait pour la première fois admis supplémentairement 7 candidats pour le cas où quelque vacance ou démission se produirait dans les 55 premiers, ce qui n'a pas eu lieu.

A la sortie de 1895 on constate 18 diplômes et 8 certificats contre 17 seulement et 6 certificats en 1894.

On doit en conclure que, soit en prévision des avantages attribués par la loi militaire aux élèves diplômés, soit en raison même de la diffusion générale de l'instruction, l'entrée aux Écoles supérieures de commerce est de plus en plus recherchée, et nous devons souhaiter pour la nôtre de nouveaux et prochains développements.

A ce point de vue nous augurons bien de la tenue, à Bordeaux cette année, du troisième Congrès d'enseignement technique. Dans ses discussions, en effet, il a été longuement question des Écoles de commerce et parmi les vœux exprimés nous relevons particulièrement celui relatif à l'enseignement des langues vivantes, non seulement des deux plus répandues, l'allemand et l'anglais, mais celles aussi que le voisinage des pays latins rend particulièrement utiles pour le commerce de notre Sud-Ouest, je veux dire l'espagnol, le portugais et l'italien; signalons aussi les vœux concernant la multiplication des bourses de séjour à l'étranger, le mode de délivrance des diplômes, la création d'une troisième année de cours supérieurs, enfin, le vœu que des rapports plus étroits s'établissent entre toutes les Écoles supérieures de commerce de France et de l'Étranger pour le plus grand bien et dans l'intérêt des anciens élèves ainsi que du commerce en général.

Il n'est pas indifférent, Messieurs, de retenir ces divers desiderata si l'on songe que presque tous ceux émis par le premier Congrès international de l'enseignement, tenu ici même en 1886, ont reçu depuis à peu près toute satisfaction.

Lors de sa venue à Bordeaux, pour l'inauguration de l'Exposition, le 11 mai dernier, M. André LeBon, ministre du commerce, a visité l'École supérieure et assisté à quelques-uns des cours; cette haute marque d'intérêt avait pour nous d'autant plus de prix que cette année même diverses instructions ministérielles sollicitées depuis longtemps sont venues modifier des règlements de la première heure et, adoucissant certaines mesures disciplinaires, ont donné aux élèves de plus grandes facilités pour leurs études.

M. le Ministre a pu aussi constater la bonne tenue de votre École, et par l'examen des documents, tableaux et graphiques, établis à l'occasion de l'Exposition, se rendre compte de son développement et juger de la place importante que cet enseignement tient dans notre région.

L'École a d'ailleurs figuré brillamment à l'Exposition de Bordeaux, en envoyant les travaux de ses élèves, parmi lesquels nous devons citer tout spécialement l'installation mécanique faite par la trop peu nombreuse, mais vaillante division industrielle; nos élèves ont construit, de toutes pièces un moteur à gaz de la force de cinq chevaux, et nous aurons l'intime satisfaction de le voir bientôt servir à la marche même des ateliers de l'École d'où il est sorti.

L'École supérieure de commerce étant « hors concours » n'a pas obtenu de récompense; mais en est-il pour vous une plus désirable que la constatation faite chaque année de son développement et des situations auxquelles nos anciens élèves, soutenus eux aussi par une Association amicale solidement organisée, parviennent tant en France qu'à l'étranger?

Troisième Congrès international de l'Enseignement technique commercial et industriel. — Parmi les si nombreux Congrès, tenus cette année à Bordeaux à l'occasion de l'Exposition, je dois signaler ici le Congrès de l'Enseignement technique, qu'on pourrait presque qualifier de « Philomathique » ; n'est-ce pas, en effet, votre Société qui la première, en 1886, a émis l'idée de ces grandes assises de l'Enseignement professionnel et n'est-il pas juste qu'elle soit aussi l'une des premières à en recueillir les fruits?

Le Congrès de 1895 a réuni plus de 700 adhésions venues de tous les pays et prises dans tous les milieux ; sur ce nombre, véritablement important, plus de 400 adhérents sont venus assister aux séances et aux discussions du Congrès, et si nous jetons un coup d'œil sur la composition du Bureau, nous y relevons les noms, avantageusement connus dans le monde enseignant, des délégués de sept grandes nations étrangères, des délégués de quatre ministères français et du Conseil supérieur de l'enseignement technique, des représentants de diverses associations d'enseignement et enfin de deux femmes de grand mérite, déléguées des Villes de Paris et de Lyon, et dont la présence et l'active participation aux discussions n'a pas été l'un des moindres intérêts de la session.

Je ne saurais énumérer toutes les questions intéressantes et d'une portée éminemment pratique, traitées pendant cette semaine du 16 au 21 septembre; qu'il me suffise de dire que le Congrès s'est divisé dès le début en deux sections, commerciale et industrielle, et que dix-sept vœux en tout ont été émis.

Je disais tout à l'heure que les desiderata de 1886 avaient reçu ample satisfaction ; comptons qu'il en sera de même pour 1895 et nous verrons alors le travail manuel plus largement répandu dans toutes les écoles, l'apprentissage couramment pratiqué, encouragé et protégé, les cours d'adultes partout entrepris, en même temps que cet enseignement domestique et ménager si utiles aux jeunes filles et aux femmes; nous verrons aussi, sous l'impulsion de l'État, les Écoles de commerce étendre leur action bienfaisante et profitable et former pour le bien du commerce de la France des jeunes gens aptes aux carrières pratiques.

Et avant d'en finir avec ce Congrès, je ne puis passer sous silence les paroles élogieuses adressées à la Société Philomathique par les honorables présidents des sections commerciale et industrielle dans leur rapport de clôture. M. Jacques Siegfried, après avoir remercié, en séance solennelle, la Commission d'organisation du Congrès et particulièrement « son président, si affable et si compétent, M. Léo Saignat », et « son aimable et dévoué secrétaire général, M. Manès », ajoutait :

« Les services rendus par la Société Philomathique à la cause de l'enseignement à tous les degrés et dans toutes ses branches, et notamment à l'enseignement commercial, ne se comptent plus. »

De son côté, M. Mesureur, résumant les travaux de la section industrielle, disait : « La Société Philomathique a d'ailleurs et depuis longtemps mérité les plus grands éloges pour tout ce qu'elle a fait et fait encore tous les jours pour l'enseignement populaire, commercial et industriel. »

Des applaudissements, Messieurs, ont accueilli ces trop bienveillants remerciements; nous avons cependant la faiblesse de croire que votre Société les avait un peu mérités.

Situation de la Société. — Si l'on considère les développements successifs de la Société Philomathique depuis quinze ans, c'est-à-dire en se reportant à une époque antérieure à la première des Expositions vraiment internationales, on constate que le nombre de ses membres a plus que doublé; de 519 inscrits en 1880 il est passé à 1,047 au dernier recensement de 1895; et ce n'est pas seulement Bordeaux qui fournit cet important contingent de sociétaires, nous avons eu, cette année, la joie de recevoir, comme nouveaux collègues, de hautes personnalités parisiennes qui ont tenu à honneur de faire partie de notre Compagnie. Que faut-il penser, Messieurs, de cet empressement, sinon que votre œuvre est par son caractère, ses tendances et ses actes, de nature à rallier toutes les sympathies, à s'assurer tous les concours, dans tous les milieux où le sentiment du public a un écho.

Et ce caractère de la Société Philomathique est si avantageusement connu, l'Exposition de Bordeaux a contribué à un tel point à le répandre au dehors, que tout récemment encore, à Paris, au cours d'une réception des plus brillantes, offerte par le Comité parisien de l'Exposition à votre Président et à votre Secrétaire général, quelques-uns des membres les plus distingués de ce Comité, qui nous a tant aidés, émettaient l'idée que votre Société, si experte, si autorisée et si heureuse en matière d'Exposition, était tout naturellement désignée et offrirait tous avantages pour former, dans une autre circonstance analogue, un lien entre Paris et la Province ou tout au moins la région du Sud-Ouest, et que ce serait là de la bonne décentralisation industrielle et commerciale.

Quel que soit, Messieurs, le développement dont est susceptible cette idée généreuse, il convient de l'accepter comme un hommage spontanément rendu à la Société Philomathique, et comme une constatation de ce qu'elle peut faire.

Pendant l'année 1895, notre Société a perdu vingt-deux de ses membres dont les noms figurent au présent rapport (1); qu'il nous soit permis de payer tout particulièrement un tribut à la mémoire de notre dévoué professeur M. Auguste Ribéreau, avocat, qui pendant de longues années a professé avec tant de dévouement et de succès dans nos classes et à l'École supérieure, le cours de droit commercial.

---

(1) Les membres de la Société Philomathique décédés pendant l'année 1895 sont : MM. Bertrand (Jules), Beyssac junior, Biermont de Pyrolde, Bosc (Émile), Bertin (Arnaud), Cayret (Jean-Léonce), Costant (Camille), Cruse (Adolphe), Dupuy (Léon), Durac (Pierre), Flamisset, Fournet (F.), Goulinat (Pierre), Léon (Virgile), Montagut (Marc), Pastoureau-Labesse, Peter (Louis), Peyrodeau (Jean), Ribéreau (Auguste), Speu (Henri), Vieillard (Albert), Souriaux.

Je suis, Messieurs, votre interprète en consignant ici les regrets sincères et le suprême hommage que la Société Philomathique adresse à ces collègues disparus.

Je signale en même temps les libéralités testamentaires dont votre Société a bénéficié au cours de cet exercice; trois legs sont venus augmenter vos donations : celui de Mlle Blanchard-Latour destiné aux élèves les plus nécessiteux et les plus studieux, spécialement dans l'industrie du bâtiment; celui de M. de Beyssac qui consiste dans une somme de 1,000 fr.; enfin, en dernier lieu le legs de 3,000 fr. de M. Vilette, ancien président de la Société en 1873-1874, et pour la régularisation duquel nous sommes actuellement en instance.

L'année 1895 a été heureuse et fertile en Congrès provoqués par l'Exposition et aussi en conférences organisées dans les mêmes circonstances.

Vu l'importance toute spéciale que devaient prendre forcément ces réunions, il a été constitué une Commission spéciale dite des « Congrès, Concours et Conférences » dont la présidence a été dévolue à M. Vital, ancien président de la Société Philomathique, dont les capacités d'organisateur vous sont connues.

Et, en effet, il n'a pas été réuni moins de vingt-quatre congrès de juin à octobre, et quatorze conférences publiques ont été données pendant le même laps de temps; la liste complète en est jointe au présent rapport (1). En reconnaissant ici le zèle et les

---

(1) Voir la liste des Congrès, Concours et Conférences à la fin du rapport, pages 39 et 40.

services si précieux du Bureau et de la Commission spéciale du Congrès, nous adressons aussi nos plus sincères remerciements aux hommes dévoués qui ont présidé ces assemblées, et à tous nos savants conférenciers.

Messieurs, je ne dirai rien des salons du Cercle philomathique, sinon qu'ils ont présenté cette année une animation exceptionnelle, sorte de reflet de l'activité incessante dont ont fait preuve tous nos Collègues pour le plus grand succès de l'Exposition. Nous y avons reçu d'ailleurs, à titre étranger, la plupart des membres de nos différents Congrès et ceux des Comités étrangers qui ont séjourné à Bordeaux, heureux de se considérer ainsi comme temporairement des nôtres.

De plus, votre bibliothèque s'est enrichie d'un certain nombre de volumes et d'ouvrages scientifiques, dons de divers exposants qui ont voulu marquer ainsi leur reconnaissance à la Société Philomathique.

XIIIe Exposition de Bordeaux 1895. — Un rapport général complet, documenté et détaillé, sera établi par les soins de votre Comité pour fixer le souvenir de l'Exposition de 1895; nous en avons réuni déjà de nombreux éléments et nos efforts tendront à effectuer, dans le plus bref délai possible, la publication de cet important travail.

Nous avons le projet d'y joindre, à titre d'annexes, les rapports partiels, dressés par les jurys, ainsi que certaines autres études spéciales émanées de divers collaborateurs, en vue de constituer un ouvrage utile sur l'Exposition de Bordeaux, la treizième, et nous ne saurions dire la dernière, organisée par la Société Philomathique.

Dans le compte rendu annuel que j'ai l'honneur de vous présenter aujourd'hui, je dois donc me borner à résumer d'une façon sommaire les faits principaux concernant l'Exposition.

La plupart d'entre vous, d'ailleurs, les ont encore présents à l'esprit comme s'y étant généralement trouvés plus ou moins mêlés.

Les années antérieures à 1893, cette dernière comprise, ont été consacrées aux études préliminaires; l'année 1894 a été surtout, vous le savez, une période d'organisation, d'études effectives, de préparation active, de publicité et de propagande; elle a même été marquée par un important commencement d'exécution; mais l'exercice 1895 qui s'achève, recueillant le fruit de tous ces longs travaux, a vu se réaliser l'ensemble de l'œuvre, c'est-à-dire la construction, l'installation et l'exploitation, et en a recueilli les résultats sinon définitifs et complets, du moins suffisamment précis pour qu'il soit possible dès maintenant de dégager le caractère et la portée de cette grande entreprise.

Nous ne reviendrions pas, tout d'abord, sur les détails de votre « organisation administrative », déjà exposés dans un précédent rapport, s'il n'était à propos de constater, une fois de plus, le zèle et le concours efficace des nombreuses Commissions qui ont secondé votre Comité en prenant chacune si largement une part du travail commun.

Les statistiques portent que, sans comprendre le Comité d'honneur composé des plus hautes notabilités bordelaises, les vingt-deux Commissions formées comptaient ensemble quatorze cent soixante-quatre (1,464) membres, ce qui, déduction faite de la présence dans plusieurs commissions des mêmes personnes, porte exactement à 921 le nombre de nos précieux collaborateurs, dont plus de la moitié faisaient partie de la Société Philomathique.

Ce fut là pour les organisateurs un encouragement constant et un appui certain, et l'on doit attribuer à ces Commissions une large part dans le succès final.

Nous en dirons autant des « Comités de propagande et de patronage » formés dans un grand nombre de villes de France et aussi à l'étranger, et qui ont toujours soutenu, avec une même ardeur, les intérêts de leurs concitoyens ou de leurs nationaux et ceux de l'Exposition. Parmi ces Comités, nous devons distinguer surtout celui de Paris, constitué par la Chambre de commerce de la Seine, celui de Lyon, formé par les personnalités de l'Exposition de 1894, et enfin ceux de Belgique, d'Espagne et d'Italie, constitués avec l'appui direct et autorisé des gouvernements de ces nations.

En même temps d'ailleurs que nous recevons de l'étranger ces marques universelles de sympathie, nous rencontrions à Bordeaux l'accueil le plus chaleureux auprès des représentants attitrés des diverses nations, et nos relations courtoises avec le Corps consulaire de notre ville et les membres distingués de son bureau, ont, en toute circonstance, puisamment servi notre cause; nous lui en témoignons ici nos très vifs remerciements.

En ce qui concerne les « constructions », nous vous avons, l'année dernière, longuement entretenus des préparatifs et des heureux résultats du « concours des bâtiments » et nous vous disions quelles circonstances favorables avaient amené la fusion des deux premiers projets primés, ce qui nous assurait, au point de vue de l'architecture, de très beaux bâtiments; au point de vue de la construction, des charpentes métalliques d'un grand effet, d'une solidité parfaite et d'une sécurité plus grande que les charpentes en bois.

Aujourd'hui, exactement à un mois de date de la fermeture de l'Exposition, alors que la démolition de tous les ouvrages est déjà commencée, qui de vous n'a encore le souvenir précis de ce que furent les bâtiments de l'Exposition de Bordeaux, si gracieux, si élégants, et qui pendant six mois ont fait de la place des Quinconces une seconde ville, gaie, animée et fréquentée par une population flottante de plus de deux millions de personnes?

La Place des Quinconces occupe une superficie de 108,000 mètres carrés en y comprenant les bas-côtés ombragés des allées d'Orléans et de Chartres, jusqu'à la limite des deux établissements de bains situés sur les quais.

De cette surface la moitié exactement a été occupée

par des bâtiments, ouvrages d'art et constructions diverses, et l'autre moitié affectée aux jardins et aux allées de circulation du public.

Le « Palais principal » et celui de l'Électricité réunis couvraient 16,000 mètres carrés; les « galeries secondaires » y compris les trois « galeries des machines » environ autant; enfin, en joignant le « Palais des Colonies » et celui des « Arts religieux », on arrive au total de 33,000 mètres carrés de surface couverte par les bâtiments de l'Exposition proprement dits.

Vous savez, Messieurs, que le principe absolu de la location pure et simple, à tant par mètre carré de surface couverte, des bâtiments entièrement achevés et décorés, a présidé à tous nos contrats avec les entrepreneurs et que la Société Philomathique ne s'est trouvée, en fin de compte, propriétaire d'aucune construction. Votre Comité a estimé, en effet, qu'il ne pouvait engager vos finances dans les éventualités d'un achat et d'une revente de constructions ou de matériaux, et il n'a eu qu'à s'applaudir de cette sage et économique mesure qui lui a certainement évité de sérieux soucis. Nous avons au surplus la satisfaction de savoir que nos entrepreneurs ont pu se défaire de la plupart de ces bâtiments dans des conditions convenables.

Dans le même ordre d'idées et en vue d'obtenir une sécurité financière quasi absolue, votre Comité avait exigé que les entrepreneurs assurassent leurs bâtiments, les exposants leurs produits, et nous avons contracté nous-mêmes, appliquant en cela une formule essentiellement nouvelle, une assurance sur les recettes probables de l'Exposition, de telle sorte qu'en cas de sinistre, votre Société n'aurait, ni pour elle, ni pour ses membres, encouru aucune espèce de responsabilité.

Il serait hors de propos de refaire ici une description, même sommaire, de l'Exposition, mais nous pouvons du moins évoquer le souvenir de cette gracieuse façade en demi-cercle du « Palais principal » aux lignes si élégantes, à la forme si gaie et si chaude dans sa décoration et ses couleurs; puis vis-à-vis, de l'autre côté de l'esplanade et complétant le cercle, le « Palais de l'Électricité », séparé du premier par le « Monument des Girondins », masse imposante et somptueuse, œuvre de la Municipalité bordelaise, et les « Fontaines lumineuses » émergeant de leurs frais gazons. Nous devons mentionner aussi l'ampleur du « Palais des Vins et des Beaux-Arts » avec son admirable point de vue sur la Garonne et le port, et enfin, de cette grande salle du « Dôme central » qui a servi à abriter tant de congrès et de réunions diverses, reçu tant d'illustres visiteurs et contenu une exposition de sciences sociales des plus remarquables; élevé par l'ascenseur au sommet du Dôme central, à quarante-sept mètres de hauteur, le visiteur jouissait d'un splendide coup d'œil panoramique.

A côté des bâtiments de l'Exposition proprement dits, comprenant les palais principaux et les galeries annexes, un nombre considérable de constructions variées s'élevaient dans les jardins : les unes servaient de salles d'exposition à certaines industries comme le « Pavillon de l'Algérie », élevé par le gouvernement général, le « Palais du Travail », centre de réunion de l'exposition des Syndicats ouvriers, le « Pavillon du Gaz », l'Aquarium, le Pavillon de Royan, ceux de Soulac, d'Arcachon, la « Maison moderne » contenant le Pavillon de la Presse, les Bains-douches, l'exposition des services de la Guerre et des Ambulances, la « Maison électrique », les Serres, etc.; les autres constituaient des attractions de toute nature depuis les restaurants, cafés, laiteries, bars, etc., jusqu'aux théâtres et exhibitions diverses, villages exotiques, annamite et africain, panorama, boutiques, kiosques à journaux, tirs, magasins de toutes sortes, rassemblés dans l'« allée des Nations » et sous les « auvents du Palais principal », ou installés dans les jardins et dont la dispersion égayait les regards et n'a pas peu contribué à donner à l'Exposition toute sa vie et son animation. Les nombreux albums de photographie publiés, et la « Vue panoramique de l'Exposition » qu'un jeune et habile artiste bordelais prépare en ce moment, fixeront le souvenir de l'Exposition comme la *Revue Illustrée* et le *Journal officiel* en retraceront fidèlement l'histoire.

Nous n'aurions garde d'oublier le « Casino des Quinconces » dont les constructions légères et les promenoirs élégants occupaient une grande partie des Allées d'Orléans (environ 3,600 mètres carrés).

Tout cet ensemble de bâtiments a été attentivement étudié et combiné par notre service d'architecture, qui fonctionnait à côté de l'entreprise générale et à la tête duquel se trouvait l'architecte lauréat du concours.

Ajoutons que pendant le cours de nos travaux nul accident important, d'hommes ou de choses, n'est venu troubler la bonne marche de nos services, si ce n'est trois incendies partiels, notamment l'incendie du 19 au 20 septembre, heureusement conjuré et demeuré sans importance grâce à la bonne organisation et à la promptitude des secours.

Ce ne fut pas ensuite, Messieurs, une mince besogne que de meubler tous ces divers bâtiments et, c'est dans ces circonstances délicates que nous avons pu apprécier tout le concours dévoué de nos diverses Commissions, condensées dans la Commission d'installation.

Le service de la propagande et de la publicité, confié à l'un de nos zélés collègues, s'était chargé de recueillir des adhésions d'Exposants ; de son côté la Presse, par ses appels fréquemment et obligeamment répétés, avait porté un peu partout la nouvelle de l'Exposition; aussi est-ce en foule, surtout dans les derniers moments, qu'affluèrent les demandes d'admission et les relevés numériques n'accusent pas moins de dix mille exposants (exactement 10,229) de toutes provenances, y compris ceux, au nombre de 1,211, réunis en collectivités ; en ne comptant chaque collectivité que pour un exposant et décomptant aussi les exposants dont le nom figure à plusieurs classes, le nombre total des exposants individuels devient 8,813. Nous voilà bien loin des chiffres des précédentes expositions de Bordeaux.

Sur les 9,018 exposants dont les noms figurent au catalogue général on compte, par nationalité, environ 8,000 exposants français, d'Algérie et des colonies françaises, et un peu plus de 1,000 étrangers.

Si on les classe par grandes subdivisions, on compte 978 exposants de Beaux-Arts et des Arts anciens, 3,425 exposants de vins et spiritueux (les collectivités, surtout nombreuses dans cette section n'étant comptées que pour un) et 4,615 exposants des sections agricoles, industrielles et libérales, parmi lesquels 1,368 d'enseignement et plus de 500 dans la section d'économie sociale.

Vous savez, Messieurs, que dans cette dernière section comme dans celles des vins et spiritueux et de l'électricité, l'Exposition, déclarée universelle, s'étendait à tous les pays; nous avons eu du côté de cette participation étrangère à peu près toute la satisfaction que nous pouvions désirer, sauf toutefois en ce qui concerne la section d'électricité que des circonstances spéciales ont rendue peu nombreuse.

Le travail de classement, de manutention et de placement de tous ces exposants a été considérable et malgré le temps si limité dont on disposait, malgré des difficultés nombreuses et vaillamment surmontées, grâce au zèle constant des délégués des Commissions, nous avons pu offrir en temps voulu, au public impatient, des galeries largement, quelquefois même avec excès, remplies d'objets et de produits intéressants aussi méthodiquement répartis que le permettaient nos locaux. Le guide et le plan de l'Exposition et les catalogues généraux, dont l'exécution et l'exploitation furent confiés à des éditeurs habiles, formaient un recueil officiel de tous les renseignements utiles aux visiteurs.

Tout le monde se souvient de ce qu'a offert de splendeur le « Salon Parisien », véritable musée des industries d'art de la capitale; à côté, la « Galerie centrale » avec ses bronzes décoratifs, ses céramiques et ses meubles de prix; le « Salon Lyonnais », avec ses soies merveilleuses; puis la « Galerie des tissus », celle des instruments de musique, les salles de photographie d'art militaire et maritime, etc., enfin les galeries des produits chimiques et de l'industrie alimentaire faisaient du Palais principal, un centre d'attraction considérable.

Franchissant ensuite le Dôme central on trouvait cette remarquable exposition des Vins et Spiritueux établie avec tout le goût d'un architecte et toute la science de classement des organisateurs; c'est là qu'en maintes circonstances des visiteurs illustres, M. le Président de la République et divers Ministres, les premiers, ont entendu des paroles autorisées leur signalant l'état du vignoble bordelais et les besoins du commerce girondin et faisant appel à leur haute influence en faveur de son développement.

Enfin le premier étage de ce vaste « Palais de la Gironde » renfermait les richesses artistiques des manufactures nationales, les œuvres des artistes et des peintres français et étrangers, et aussi ces précieuses collections d'art ancien pour lesquelles nous avons tant d'obligation à ceux de leurs heureux possesseurs qui nous les ont généreusement prêtées.

N'oublions pas les galeries annexes, notamment celles de la « Métallurgie », où a figuré, pour la première fois, l'acier-nickel, un métal de l'avenir, et les « Galeries des machines » où des expériences ont été faites, en présence de nombreux ingénieurs, sur la « turbine à vapeur », l'une des plus récentes inventions en mécanique.

L'affluence des visiteurs et les opinions favorables unanimement remportées par tous les connaisseurs ont bien payé de leurs efforts les organisateurs de toutes ces installations, ainsi que les exposants qui en sont les premiers auteurs.

J'en arrive maintenant à « l'exploitation » proprement dite, c'est-à-dire à la vie même de l'Exposition ; la dire en détail, ce serait narrer et reproduire jour par jour les rapports de votre « Commission de surveillance », véritable émanation de la Société Philomathique et qui, sans interruption, avec un soin jaloux et jamais démenti, n'a cessé de veiller à vos moindres intérêts, d'accord avec le « service de surveillance générale et de gardiennage » qui comprenait un très nombreux personnel.

Dans l'organisation de l'exploitation rentrent naturellement les services généraux de l'éclairage au gaz et à l'électricité, le service des eaux, ceux de l'hygiène et de la salubrité, de la désinfection et du nettoyage, de police et d'incendie ; le service médical, si bien organisé par la Société des Ambulances urbaines avec le concours des médecins de Bordeaux; ceux des postes, télégraphes et téléphones; le service des douanes, de l'octroi et de la régie, etc.; en un mot tous les services nécessaires au public qui se trouvait massé parfois en si grande quantité sur la place des Quinconces et y avait facilement pris ses habitudes quotidiennes.

N'est-ce pas le lieu de dire que le chiffre des abonnés a dépassé 24,000, dont plus de 10,000 dames et de 5,000 enfants, c'est-à-dire un peu plus de la moitié de ce qui fut obtenu en 1882? En ajoutant les abonnements à demi-tarif des militaires, instituteurs et étudiants, ainsi que ceux à tarif réduit accordés au public dans le dernier mois, et enfin ceux des concessionnaires et du personnel des exposants, on arrive au total de 28,205 entrées par abonnement ayant produit près de 400,000 francs.

C'était, Messieurs, notre grande préoccupation que la question des abonnements; la fixation du taux était délicate : on adopta le prix de 20 francs pour les hommes; 15 francs pour les dames et 10 francs pour les enfants; nous n'avions jamais cessé de croire que si les dames étaient parmi nos premiers souscripteurs notre cause serait gagnée; aussi bien l'événement a confirmé très heureusement nos suppositions et nos désirs, vous avez encore le souvenir de l'encombrement, parfois pénible, des guichets de délivrance des cartes d'abonnement.

L'Exposition devait être ouverte le 1er mai 1895, telle était la date primitivement indiquée, mais que diverses circonstances ont fait retarder au 11 mai.

C'est M. André Lebon, ministre du commerce, de l'industrie, des postes et des télégraphes, qui fit l'ouverture solennelle et prononça dans la salle du Dôme le discours d'inauguration ; deux autres ministres, MM. Trarieux et Ribot, s'étaient joints à lui. Un grand banquet fut donné à cette occasion par la Société Philomathique.

A moins d'un mois de date, le 5 juin, M. le Président de la République française, accompagné de quatre Ministres et d'une suite nombreuse, rendait visite à l'Exposition de Bordeaux, et vous vous souvenez qu'une température inclémente, véritable et bien attristante exception pendant toute la durée de l'Exposition, marqua cette illustre visite, désorganisa les mesures prises, bouleversa tous les projets, et nous empêcha de donner à cette réception toute la solennité désirée.

Dès ce moment, toutefois, l'Exposition de Bordeaux était définitivement lancée, et malgré les quelques hésitations de la Presse parisienne à soutenir notre œuvre, hésitations, d'ailleurs, rapidement et facilement surmontées grâce à l'exemple désintéressé de la Presse bordelaise, le public ne tarda pas à consacrer le succès de l'Exposition et de toute part affluèrent les étrangers. Nous reçûmes alors des visites flatteuses parmi lesquelles nous nous plaisons à citer celles de MM. Alfred Picard, commissaire général de l'Exposition de 1900, Delaunay-Belleville et Bouvard, directeur et architecte de cette œuvre de l'avenir. Les nombreux Congrès auxquels je faisais allusion précédemment, puis la réunion du jury général attiraient aussi à Bordeaux des personnages d'élite; tous nos Comités étrangers furent représentés, et pendant deux mois ce ne furent que réunions, visites, réceptions, banquets et excursions organisés dans les environs de Bordeaux, à travers les vignobles girondins dont la bonne tenue et la richesse ont fait une si juste et si heureuse impression sur tous les étrangers.

Il est permis de mettre à l'actif de l'Exposition les services ainsi rendus à la propriété et au commerce bordelais et nous entendons encore l'écho des fêtes qui ont signalé, à Bordeaux et dans le département de la Gironde, la venue du Lord-Maire de la Cité de Londres.

Je dois insister particulièrement sur les opérations du jury des récompenses. Pour sa formation, la Société Philomathique s'était entourée des renseignements les plus complets et des garanties les plus certaines, et elle a la conscience d'avoir réuni, pour ces délicates opérations, des hommes intègres et compétents dont l'opinion incontestée sera précieuse à tous les exposants. On comptait 903 membres du jury, non compris les 4 présidents, les 38 membres d'honneur et les 2 membres de droit, président et secrétaire général de la Société.

Sur 8,040 exposants examinés (les collectivités ne comptant que pour un, et déduction faite des exposants des Beaux-Arts et Arts anciens qui ne concouraient pas aux récompenses), 5,817 ou 72 0/0 ont reçu des récompenses représentées par un diplôme et une médaille commémorative et variant du « Diplôme de Grand Prix » à la « Mention honorable » ; dans ce nombre figurent de nombreux collaborateurs attachés, à divers titres, au personnel des exposants primés. Signalons particulièrement le prix attaché par le jury aux manifestations des exposants des colonies : ce qu'on a appelé à juste titre « l'effort colonial », a été justement et heureusement apprécié.

De plus la Société Philomathique a jugé opportun de décerner des diplômes et des médailles commémoratives, en forme de remerciement, à ses propres collaborateurs, sociétaires ou non, en y comprenant tous ceux qui dans les Commissions et les Comités, dans les Jurys et les divers services, lui ont donné une part de leur temps, de leur intelligence et de leur dévouement. Ajoutons, enfin, qu'avec l'autorisation du Gouvernement, dont la bienveillance lui est acquise, la Société Philomathique a pris l'initiative de présenter une liste de candidats à des distinctions honorifiques et qu'elle a bon espoir de la voir bien accueillie.

La multiplicité de toutes ces récompenses ne forme-t-elle pas une des plus réelles et plus agréables sanctions du grand succès obtenu par les exposants, succès consacré par M. le Ministre du commerce venu à l'Exposition, pour la troisième fois, en vue de la distribution des récompenses et de la proclamation du nom des principaux lauréats, le 20 octobre dernier, jour consacré à la « Fête des Exposants »?

En parlant des divers services de l'exploitation, je dois signaler particulièrement les parcs et les jardins dont le dessin est dû en grande partie à l'architecte de l'Exposition, et dont l'entretien, confié à des mains habiles et clairvoyantes, n'a jamais cessé d'être des plus satisfaisant; les parterres de fleurs sans cesse renouvelés, les massifs de plantes toujours abondamment pourvus, formaient un cadre frais et élégant à notre Exposition et n'ont pas peu contribué au charme qu'y trouvait le public. Rappelons à cette occasion ces deux magnifiques concours horticoles qui ont marqué le début et la fin de l'Exposition : le premier avec les merveilleuses orchidées venues surtout de Belgique, et l'autre avec les chrysanthèmes.

On nous a dit quelquefois que les fêtes n'étaient ni assez fréquentes ni assez somptueuses dans l'enceinte même de l'Exposition; cependant, il suffirait de rappeler la faveur avec laquelle le public a toujours accueilli ces fêtes annamites et africaines données avec le personnel des villages exotiques. Et quel moyen de rendre l'Exposition plus agréable que d'y répandre le soir cette profusion d'éclairage et, grâce aux fontaines lumineuses, ces jeux variés de lumière qui en faisaient si bien ressortir les formes gracieuses? C'est à tel point que lors de la fête de nuit offerte au Lord-Maire, alors que le corps de ballet venu de Paris paraissait sur la grande estrade élevée au pied du monument des Girondins et en face de cette mer humaine qui avait envahi l'esplanade, je me souviens que l'honorable magistrat anglais sans dédaigner notre fête chorégraphique, jetait fréquemment ses regards du côté des façades illuminées et ne cachait pas sa réelle admiration.

De plus, nous devons une mention toute spéciale à la musique. Dès le début nous avons tenu à nous assurer un orchestre de premier ordre, donnant deux auditions chaque jour, et nul succès n'a été plus grand et plus légitime que celui de M. Haring; il a été jusqu'au bout l'idole du public. Ajoutez à cela le concours des musiques militaires, les grands festivals de l'esplanade. Les concerts Colonne et autres, le grand concours musical du mois de septembre et enfin les auditions fréquentes des Sociétés musicales de Bordeaux et des environs dans les trois kiosques des jardins, et vous concevrez que la musique a occupé, à l'Exposition, une place prépondérante.

Nous sommes donc fondés à croire que l'impression générale emportée de l'Exposition a été favorable et nous sommes assurés que dans bien des cas elle ne sera pas oubliée.

Nos statistiques portent que pendant sa durée de 191 jours, elle a reçu près de douze cent mille visiteurs payants (exactement 1,196,149), dont plus de cinq cent mille à moitié tarif; c'est un excédent de plus de la moitié sur les chiffres de la précédente Exposition de 1882 et le produit net de ces entrées, déduction faite de la rétribution accordée aux vendeurs de tickets, ne s'élève pas à moins de 889,714 fr. 54. Si on ajoute à cela la fréquentation des abonnés, celle des exposants ou concessionnaires et celle des porteurs de cartes gratuites, au nombre de 4,200 environ (sociétaires, membres des Commissions, membres des Congrès, etc.), on arrive à un total de 2,125,000 entrées.

La moyenne générale de fréquentation par jour a été de 6,328 entrées payantes et 4,914 entrées gratuites, soit ensemble 11,242 personnes; c'est naturellement le dimanche que la foule était le plus nombreuse; et l'on a pu noter que certains dimanches cette foule a dépassé 40,000 personnes. Enfin, le 17 novembre 1895, jour de la clôture définitive, 62,000 visiteurs ont franchi les portes de l'Exposition, apportant ainsi une dernière et bien touchante marque de sympathie à l'œuvre philomathique.

Aujourd'hui l'heure a sonné de faire disparaître ce qui fut l'Exposition de Bordeaux; grâce aux soins assidus de quelques-uns de nos collègues et non pas de ceux qui ont la moins ingrate besogne, les exposants sont partis, les bâtiments se démontent et la place des Quinconces va reprendre son habituelle physionomie.

Hier avait lieu le tirage de la loterie de 1 million de billets libéralement et exceptionnellement accordée par l'État et si heureusement placée malgré certaines difficultés de détail; c'était le dernier acte, il a été bien conduit.

La Société Philomathique peut donc être tranquillisée sur l'heureuse issue de son entreprise, et demain, alors que les comptes seront classés et définitivement arrêtés, elle pourra connaître les résultats financiers de cette importante opération conçue sans hésitation, exécutée sans faiblesse et menée à bonne fin grâce à l'abnégation de quelques-uns et au dévouement de tous.

Mais je m'en voudrais, Messieurs, d'empiéter sur le rôle de votre Trésorier; sa tâche a été si lourde pendant cette longue période, ses fonctions si ardues et si préoccupantes, que nous devons lui laisser le plaisir de vous dire lui-même quelle surprise pourront vous réserver les comptes de l'Exposition; j'ajouterai toutefois, car c'est une considération qu'il omettrait sans doute, que c'est beaucoup à sa vigilance et à sa prudente habileté que nous devons la bonne gestion de nos finances.

Enfin, permettez-moi, Messieurs, de donner ici un témoignage spécial de gratitude à notre éminent président, M. Hausser, que les dispositions de nos statuts vont bientôt éloigner de votre Bureau, après deux années d'exercice; et, ce faisant, je crois et je dois être l'interprète, non seulement de votre Comité d'administration et de la Société Philomathique tout entière, mais aussi de tous ceux qui par un lien quelconque se rattachent à l'Exposition de Bordeaux.

Quand un homme se dévoue ainsi à une cause pour lui désintéressée, quand il y consacre ses facultés les plus vives, son temps le plus précieux, quand le succès cherché vient couronner les efforts communs, il a droit à une vive reconnaissance, et notre Président, Messieurs, a non seulement fait preuve, dans la conduite de vos affaires, de la véritable science d'un ingénieur, mais, digne représentant en toutes circonstances de votre Société, à Bordeaux et au dehors, il a dans toutes les réunions, assemblées et congrès, fait preuve aussi de telles qualités d'orateur, et d'orateur convaincu, que l'impression a été profonde et restera durable; la présidence de l'Exposition de 1895 doit avoir sa place dans nos plus précieux souvenirs.

Je termine, Messieurs, ce trop long compte rendu en remerciant, au nom de votre Comité d'administration, tous ceux qui parmi nous, ou même en dehors, ont aidé et soutenu la Société Philomathique dans l'accomplissement de son œuvre et lui ont assuré ainsi un avenir plus large et plus profitable à l'intérêt public, son but principal et sa constante préoccupation.

Congrès tenus à Bordeaux pendant le cours de la XIIIe Exposition de Bordeaux 1895.

Congrès des Architectes du Sud-Ouest, du 11 au 13 juin.

Congrès des Architectes de France, du 11 au 13 juin.

Congrès de Sauvetage, du 17 au 21 juillet.

Congrès des Chants grégoriens, du 9 au 11 juillet.

Congrès de la Protection de l'Enfance, du 29 juillet au 3 août.

Congrès pour l'avancement des Sciences, le 3 août.

Congrès national des Sociétés de Géographie, du 1er au 7 août.

Congrès des Langues romanes, du 5 au 10 août.

Congrès des Œuvres catholiques, 28 juillet au 3 août.

Congrès des Aliénistes et Neurologistes, du 1er au 5 août.

Congrès français de Médecine, du 8 au 12 août.

Congrès de Gynécologie, d'Obstétrique et de Pædiatrie, du 8 au 12 août.

Congrès Dentaire, du 16 au 18 août.

Congrès des Maîtres Coiffeurs, du 9 au 11 septembre.

Congrès des Ouvriers Coiffeurs, du 9 au 11 septembre.

Congrès d'Ampélographie, le 10 septembre.

Congrès international de la Presse, du 13 au 17 septembre.

Congrès de l'Enseignement technique, industriel et commercial, du 16 au 21 septembre.

Congrès de la Ligue française de l'Enseignement, du 26 au 29 septembre.

Concours Culinaire international, du 28 septembre au 10 octobre.

Congrès de l'Association Protestante pour l'étude pratique des questions sociales, du 16 au 19 octobre.

Congrès des Habitations à bon marché, du 20 au 22 octobre.
Congrès de Pisciculture, du 16 au 19 octobre.

Conférences faites sous les auspices de la Société Philomathique (1895).

M. le Dr Ferré, professeur à la Faculté de médecine : *Le Vaccin du Croup*, le 1er mars.

M. Bapst (Germain), : *l'Art décoratif et son style*, le 11 juin.

M. Gariel, ingénieur en chef des ponts et chaussées, professeur à la Faculté des sciences de Paris : *la Traction électrique des chemins de fer et des tramways*, le 28 juin.

M. Béral, inspecteur adjoint des forêts : *la Forêt maritime*, le 6 juillet.

M. Grandjean, inspecteur adjoint des forêts : *les Landes et les Dunes de Gascogne*, le 9 juillet.

M. Mercier, secrétaire général de la Société de Géographie de Lille : *Choses d'Asie (le Japon et la Chine)*, le 2 août.

M. Lorin (Henri), professeur agrégé de l'Université : *Le Canada et ses relations avec la France*, 5 août.

Mme Pardo-Bazan, romancière et critique : *la Littérature espagnole*, le 9 août.

M. de Malarce, secrétaire perpétuel de la Société des Institutions de prévoyance de France : *Origines et progrès de l'institution des Caisses d'épargne scolaires*, le 13 août.

M. Soswowsky, ingénieur civil : *les Turbines à vapeur ; la turbine Laval*, le 14 août.

M. Paulet (Georges), chef de bureau de l'enseignement commercial au ministère du commerce : *l'Enseignement technique en France depuis dix ans (1886-1895)*, le 17 septembre.

M. Cavé, ancien juge au Tribunal de Commerce de la Seine : *la Mutualité scolaire*, le 27 septembre.

M. Cheysson, inspecteur général des ponts et chaussées, vice-président de la Ligue nationale de la Prévoyance et de la Mutualité : *la Coopération et la Mutualité*, le 23 octobre.

M. Yann-Nibor, *le poète des matelots* : audition de ses œuvres et conférence faite par M. Laffont, professeur au Lycée de Bordeaux, sur les œuvres de M. Yann-Nibor.

Séance publique du 16 juin 1895.

DISTRIBUTION SOLENNELLE DES PRIX

AUX ÉLÈVES DES CLASSES D'ADULTES

Le dimanche 18 juin après-midi, la Société Philomathique a procédé, dans la salle du Grand-Théâtre. à la distribution des prix aux élèves de ses cours d'adultes. M. Hausser présidait cette cérémonie. Sur l'estrade d'honneur on remarquait, à la droite du président de la Société, MM. Delcurrou, premier président; Daney, maire de Bordeaux; Buhan, vice-président de la Société; un vicaire général représentant S. Ém. le Cardinal; Tisseyre, trésorier; Vergez, directeur des classes. A la gauche de M. Hausser avaient pris place MM. Berniquet, préfet de la Gironde; Couat, recteur de l'Académie; J. Avril, secrétaire général de la Société; Samazeuilh, archiviste; Brandenburg et Goyetche, secrétaires adjoints.

A noter encore la présence de MM. Bertin et Couturier, adjoints; Bayssellance, ancien maire de Bordeaux; Paris, juge au Tribunal civil; Roumestan, ancien inspecteur d'Académie; Stapfer, doyen de la Faculté des lettres; Émile Maurel, puis MM. Sengès, Ferrière et Saunier, membres du Comité d'administration.

La salle Louis était garnie, du parterre aux galeries supérieures, d'un public nombreux où dominaient les dames et les jeunes filles, dont les toilettes claires formaient le plus gracieux effet.

Sur la scène, ainsi que chaque année, se trouvaient groupés, derrière l'estrade d'honneur et les notabilités, tous les élèves, jeunes filles et jeunes gens, des cours de la Société.

A deux heures, M. Hausser s'est levé et a prononcé le discours suivant :

MESDAMES, MESSIEURS,

I

Depuis notre dernière cérémonie de 1894, la Société Philomathique a eu la joie d'enregistrer une décision qui a comblé nos vœux :

L'élévation de M. Vergez au grade de chevalier de la Légion d'honneur.

Notre excellent Directeur a obtenu ainsi une récompense méritée : une démocratie s'honore toujours en reconnaissant le zèle de ses serviteurs les plus désintéressés et les plus dévoués.

L'année 1895, au cours de laquelle la Société Philomathique a fait sa XIIIe Exposition, aura dans nos annales une place particulière. A côté de l'œuvre des cours populaires, si appréciés et si suivis, celle des Expositions complète notre programme. Il paraît donc spécialement opportun, dans la solennité de la distribution des prix de l'année 1895, de bien montrer pourquoi nous sommes philomathes et les services spéciaux que nous entendons rendre en exerçant à ce titre notre influence au milieu de la population bordelaise.

II

Je ne connais pas de plus beau titre que celui de philomathe. Si l'on retourne à l'étymologie de ce mot, on trouve deux termes grecs qui veulent dire : *ami de la science.* C'est donc l'amour de la science qui est la caractéristique du vrai philomathe, et la science n'a jamais été en plus grand honneur qu'aujourd'hui. Comment ne s'attacherait-on pas à elle après les merveilleuses découvertes qui ont illustré le XIXe siècle !

Au moment où la Société Philomathique prenait sa première forme, en 1808, la France, sortie des grandes convulsions de 1789 et de 1793, avait sacrifié sa liberté à Napoléon Ier, qui n'aimait pas les idéologues, et elle oubliait les causes justes et saintes pour encenser la gloire et les conquêtes.

C'était au lendemain d'Ulm et d'Austerlitz, d'Iéna et Auerstaedt, d'Eylau et de Friedland, quand la paix de Tilsitt livrait l'Allemagne à l'empereur depuis le Rhin jusqu'au Niémen. Toutefois, le souvenir de l'Exposition de 1806 était encore vivant. On avait eu la gloire de réunir à Paris 1,422 exposants, qui avaient donné de grandes espérances; Oberkampf, qui popularisa l'industrie des toiles peintes, avait été décoré de la main même de Napoléon; Richard Lenoir avait lutté héroïquement dans l'industrie du coton ; Jacquard avait été pensionné pour l'invention du métier à tisser la soie; Laplace, après son *Exposition du système du monde,* mettait la dernière main à sa *Mécanique céleste;* Lagrange faisait paraître la *Mécanique analytique,* et Monge sa *Géométrie descriptive.* Haüy avait déjà posé les bases rationnelles de la *Minéralogie;* Bichat avait produit ses *Recherches sur la vie et la mort,* et Cuvier, pour la gloire de la science française, répandait ses leçons d'*Anatomie comparée.*

A l'extérieur, un mouvement identique attirait les recherches vers les applications pratiques. Watt avait fourni à la machine à vapeur les plus beaux perfectionnements; Stéphenson, de ses mains calleuses d'ouvrier, assemble les premières pièces qui doivent faire les locomotives. Fulton et le marquis de Jouffroy terminent les expériences d'où devaient sortir et les bateaux à vapeur et les torpilles. Herschell avait construit son puissant télescope et fait son premier catalogue d'étoiles, et par delà les mers, Franklin avait mis le travail en honneur et glorifié les efforts de l'homme qui cherche à produire, dans son fameux *Chemin de la fortune,* où un seul proverbe résume toute la pensée : « Un laboureur sur ses jambes est plus haut qu'un gentilhomme à genoux. »

Tout était prêt pour un magnifique essor vers le progrès dans la paix; Napoléon ne le voulut pas. La France enivrée oublia sa mission civilisatrice; les chemins de la toute-puissance sont glissants, et sur les pas d'un maître, notre patrie devait courir aux désastres sinon à la décadence.

La Société Philomathique sortit ainsi du grand mouvement scientifique du début de ce siècle, qui reprit son cours après un temps d'arrêt. La science et la conquête ne sont pas sœurs amies, et les vrais bienfaiteurs de l'humanité ne sont pas ceux dont la gloire se mesure par des hécatombes humaines et qui, après un moment d'étonnant éclat, laissent presque toujours après eux la patrie affaissée, ruinée, mutilée.

III

Si quelque chose peut justifier les hommes qui, après les guerres du premier Empire, s'adonnèrent à la culture de la science, c'est bien le spectacle des splendeurs que nous offre aujourd'hui la civilisation occidentale et des découvertes qui, en un si court espace de temps, ont transformé les nations modernes.

Pour vous montrer de quel amour il faut aimer la science, je pourrais vous faire toucher du doigt les mécanismes qui sont à la base de nos machines et mettre en évidence les principes du travail mécanique qui les régissent toutes, depuis les plus fortes locomotives jusqu'à ces élégantes machines électriques que tout le monde connaît sous le nom de dynamos; ou bien je pourrais, en examinant les lois de l'énergie et ses transformations, vous étaler devant vos yeux étonnés les progrès de la physique moderne et de la thermochimie à laquelle le nom de Berthelot restera éternellement associé. Mais il m'a semblé que pour résumer toutes les conquêtes, il suffit de tracer le tableau de l'univers tel que nous le montre l'astronomie moderne, ce vaste champ où toutes les sciences viennent s'appliquer et se synthétiser. De ce grain de poussière perdu dans l'immensité, — qui s'appelle la Terre, — l'homme, grâce à la science, est parvenu à mesurer le monde entier. De toutes les machines, la plus belle est celle des cieux.....

Lorsque par une belle nuit nous explorons au télescope les espaces célestes, nous découvrons des amas laiteux, blanchâtres, sans forme bien déterminée, qui sont des nébuleuses.

Ces nébuleuses sont des mondes analogues au nôtre. On croyait d'abord que ces agglomérations représentaient des mondes en formation, véritables nuages cosmiques; mais les puissants télescopes de nos jours ont montré que ces nébuleuses, presque toutes résolubles, sont formées de millions d'étoiles chacune, groupées parfois suivant des spirales tellement régulières qu'il est certain qu'il se trouve dans ces amas des énergies qui agissent suivant des lois déterminées.

L'espace entier est donc peuplé de nébuleuses ou de groupes de mondes, et la terre fait elle-même partie d'un amas semblable. Pour saisir la forme de notre nébuleuse, il suffit de regarder la voie lactée; elle dessine dans le ciel la courbe équatoriale de grande condensation de la nébuleuse dont la Terre fait partie et qui comprend toutes les étoiles que nous voyons dans le ciel. Notre soleil n'est qu'une étoile de notre nébuleuse, toutes les étoiles sont des soleils, et si nous voyons le nôtre si gros, si nous le sentons si chaud, c'est parce qu'il est près de nous et que la terre est dans sa dépendance directe.

L'homme de science, en possession de ces résultats, voulut, de la terre, mesurer les distances célestes; le mètre, le kilomètre, les millions de kilomètres donneraient des nombres n'indiquant plus rien à l'esprit; on a choisi la vitesse de la lumière. Le rayon lumineux est un courrier qui s'élance et voyage avec la vitesse de 300,000 kilomètres par seconde. On a pu évaluer que notre voie lactée a une dimension longitudinale telle qu'un rayon lumineux marchant à 300,000 kilomètres par seconde mettrait quinze mille ans à la franchir.

Si on relève les nébuleuses moyennes que nous voyons parsemées dans le ciel et si on cherche leur distance à la terre, on la trouve telle que la lumière mettrait cinq millions d'années à la franchir.

Ainsi donc les étoiles, dans les profondeurs du ciel, nous racontent des histoires vieilles de milliers et de millions d'années. Bornons-nous, après avoir constaté l'existence de nébuleuses, à examiner celle dont nous faisons partie.

Pour s'orienter à travers les étoiles de notre nébuleuse, étoiles qui sont autant de soleils, soleils qui ont tous des terres, à nos yeux encore invisibles, les anciens ont pris des constellations; c'est ainsi que leur imaginatton a dessiné la *Grande Ourse,* la *Petite Ourse,* la *Couronne boréale,* le *Bouvier, Orion* et tant d'autres.

Les hommes ont examiné d'abord à l'œil nu notre nébuleuse et ils ont pu compter dans les deux hémisphères six mille étoiles; mais, avec les lunettes astronomiques toujours plus puissantes et les gigantesques télescopes de nos observatoires, ce nombre est allé chaque jour en grandissant. On a pu compter dans notre monde près de cinquante millions d'étoiles et on en découvre chaque jour de nouvelles. Un point quelconque du ciel apparaît comme une plage magnifique avec son sable d'or ou comme un tissu formé d'autant de points de lumière.

L'étoile *α du Centaure* la plus rapprochée de nous est à une distance de nous telle que la lumière met 3 ans et 8 mois à nous parvenir; *Sirius,* qui eut dans l'antiquité ses autels et lève au ciel son front pernicieux, donne 14 ans et 2 mois; l'étoile polaire 50 ans, et ainsi successivement. Les étoiles que les anciens croyaient fixes comme autant de clous dorés plantés dans la calotte des cieux, ne sont pas immobiles, elles ont une marche générale.

Ainsi notre soleil s'avance dans les profondeurs des cieux en entraînant la terre et les autres planètes. A quelles rives va-t-il aborder? Nous l'ignorons, mais il s'avance à raison de 2 kilomètres par seconde, c'est cent fois la vitesse de nos plus grands express.

Non seulement les étoiles ne sont pas immobiles, mais il y en a beaucoup qui sont variables dans leur éclat; tandis que la caractéristique de notre soleil est d'être fixe dans sa lumière, il y a d'autres soleils qui se modifient en suivant des progressions périodiques et en passant successivement de la pâleur à l'éclat et de l'éclat à la pâleur.

Mais il y a plus, en explorant le ciel on trouve des étoiles qui apparaissent subitement pour disparaître ; il y a dans l'espace des mondes qui naissent et des mondes qui meurent. La variété infinie des phénomènes célestes a quelque chose de frappant. Ainsi, il y a des soleils doubles et des soleils colorés : rouge, bleu, orangé ; et c'est par l'imagination seule que nous pouvons nous figurer ces mondes différents du nôtre où dans des périodes de quelques jours on passe des froids polaires aux chaleurs caniculaires, les teintes se transforment et les objets changent à la fois de forme, d'attitude et de couleur.

L'astronome, après avoir donné à notre soleil la place infime qui lui convient, s'est emparé de lui et l'a examiné. Il a découvert d'abord qu'il était incandescent et entouré d'une atmosphère transparente ; puis, avec des appareils très ingénieux, il a analysé les matières qui brûlent dans le soleil et il a découvert presque tous les corps connus depuis le fer jusqu'à l'hydrogène ; cependant on n'y a rencontré jusqu'ici ni or ni argent.

Dans l'atmosphère gazeuse, l'hydrogène domine et de sa masse s'élancent des flammes en forme de jets qui ont 40,000 kilomètres de hauteur. Au milieu de ces flammes, de formidables explosions se produisent dessinant subitement des gerbes de 300,000 kilomètres de hauteur animées d'une vitesse de projection de près de 300 kilomètres par seconde. Grâce à l'étude des taches, on a découvert que cet astre en révolution perpétuelle tourne sur lui-même en 25 jours. La science moderne a permis de le peser, il est 324 fois plus lourd que la terre et il est 1,280,000 fois plus gros.

Lorsque frappés de ces splendeurs nous redescendons vers la terre, nous trouvons un globe en fusion ayant 6,000 kilomètres de rayon et couvert d'une mince pellicule. La terre tourne aussi sur elle-même avec une vitesse à l'équateur de 400 mètres par seconde, c'est 20 fois la vitesse d'un train express. Mais, en même temps qu'elle tourne, elle s'avance autour du soleil et décrit son orbite avec une vitesse de 34 kilomètres par seconde : c'est 2,000 fois la vitesse d'un train express.

Ces mêmes mesures ont été appliquées à toutes les terres qui tournent autour du soleil. Leur volume, leur poids, leur vitesse, ont été déterminés; on a examiné leurs saisons, parfois même leurs continents, et les pôles de Mars, par exemple, sont mieux connus des hommes que ceux de la Terre.

Ainsi donc l'univers nous apparaît, grâce à la science, comme autant de nébuleuses disséminées dans l'espace; chaque nébuleuse est constituée par un ensemble d'étoiles, chaque étoile est un soleil, chaque soleil a ses planètes, et ces corps de couleur, d'éclat et de formes variés, exécutent des mouvements réguliers suivant des lois fixes. Sous le calme apparent d'une belle nuit d'été, le ciel est le siège de révolutions profondes et ces astres sont animés de rotations et translations dont la vitesse laisse trop souvent notre imagination confondue.

Mais je m'arrête... Notre temps est court et je vous demande si on a raison d'être philomathe, c'est-à-dire amoureux de la science quand cette dernière permet à l'homme de mesurer les cieux et de leur arracher les plus troublants et les plus formidables secrets.

IV

Si l'homme privilégié qui peut suivre de semblables progrès et s'intéresser à ces découvertes gardait pour lui ses connaissances et ses émotions, sa science et ses facultés, il ne serait qu'un de ces égoïstes en contradiction avec la loi même de l'univers. Ces mondes que je vous ai décrits, si éloignés qu'ils soient, sont dépendants les uns des autres; un lien mystérieux les unit, un éther invisible les rend solidaires. Si le son est le résultat d'une vibration, quelle magnifique musique doivent produire ces globes en mouvement, en révolution, en grondement perpétuel! Quelle splendide harmonie que celle des mondes, quelle symphonie sublime que celle des étoiles et de leurs satellites pour l'intelligence supérieure capable de la percevoir! Au frontispice de cet univers inanimé est donc écrit le mot de *Solidarité*.

Mais si, descendant des splendeurs célestes, nous examinons les recoins de la terre, nous trouvons la plus petite anfractuosité garnie d'êtres vivants; ces êtres accomplissent un rôle et ont une mission, ils se recherchent, se multiplient, et parent la terre d'un incomparable éclat. Si l'attraction mécanique, naturelle, est la loi des mondes, l'attraction libre, sympathique, élective, l'amour, est la loi des êtres et pour l'homme en particulier l'ensemble de ses devoirs se résume en un seul mot : *Aimer*.

Si donc la solidarité et l'amour sont les lois mêmes de l'univers, comment être philomathe et mériter ce titre sans donner à notre semblable ce que nous possédons, sans partager avec lui et les connaissances et les progrès, sans instruire en un mot pour que l'esprit soit plus éclairé et le cœur plus vaillant?

Mais il y a plus encore, car le philomathe se doit à une véritable œuvre de réparation. Les lois de solidarité et d'amour présupposent la justice, et l'on ne peut aimer la science sans haïr l'iniquité sous toutes ses formes. Qu'importent les splendeurs du ciel et les richesses de la création si sur cette terre la misère règne et si l'humanité gémit sous la tyrannie, la servitude et la corruption? La justice a-t-elle régné sur la terre?

Interrogez les civilisations antiques. C'est dans le passé des peuplades entières asservies; c'est en Assyrie, en Égypte, des millions d'hommes voués aux plus durs labeurs pour la gloire d'un seul; c'est dans l'empire romain le droit de la force et l'oppression du faible; c'était, il y a un siècle encore, le travail méprisé et des classes opulentes vivant dans l'oisiveté au détriment du prolétariat. Il me semble, quand je prête l'oreille aux échos de l'histoire, entendre, au milieu des clameurs, les gémissements sans fin des opprimés de toutes tribus, de toutes classes, de toutes nations.

Et de nos jours la justice est-elle satisfaite et un philomathe peut-il d'un œil calme envisager nos organismes sociaux, comme le Créateur au lendemain de la création, et dire que tout est bien? S'il y a des satisfaits, je ne suis pas de ce nombre. Non, je ne prendrai jamais mon parti de l'enfance abandonnée et exposée avant l'âge à tous les appels du vice; de la femme livrée parfois au joug, n'ayant le choix qu'entre la misère et la corruption, incapable de récolter les fruits mêmes de son travail, et réduite à mendier la signature d'un maître qui fut son tyran; du travailleur voué aux incertitudes du lendemain et laissé sans ressources en face de la maladie, des infirmités, des accidents... Aimer la science, sans aimer l'homme, aimer l'homme sans gémir sur ses souffrances et partager ses angoisses, aimer sans agir, compatir, relever et secourir, c'est encore cacher l'égoïsme sous le voile trompeur de l'amour.

Tels sont les devoirs des philomathes et les services spéciaux qu'ils sont appelés à rendre. Ce qui les fortifie dans leur tâche, Messieurs, c'est votre sympathie même, votre empressement à répondre aux appels, votre concours en toute circonstance.

Que vos encouragements ne fassent jamais défaut. Les hommes, quels qu'ils soient, sont imparfaits et faillibles, les meilleurs ont à leur actif des erreurs et des préjugés; mais ceux-là ont droit à une bienveillance particulière qui embrassent des œuvres de bien public et cherchent à les accomplir avec désintéressement dans ce triple sentiment de solidarité, d'amour et de justice.

M. Bassié, président du Conseil des prud'hommes, prend ensuite la parole et s'exprime ainsi :

MESDAMES, MESSIEURS,

Un homme d'une grande valeur intellectuelle, le conseiller d'État Régnault de Saint-Jean-d'Angély, s'exprimait ainsi, en présentant au Corps législatif, en 1806, le projet de loi sur l'organisation des Conseils de prud'hommes :

« Les fonctions de prud'homme, disait-il, exigent, » avec la sévérité inflexible du magistrat, une sorte » de bonté paternelle qui tempère l'austérité du juge, » appelle sans cesse la confiance et porte naturelle- » ment à la soumission. On trouvera dans cette insti- » tution un tribunal de conscience et d'équité. — Elle » effectuera un bien présent et disposera encore plus » de bien pour l'avenir. »

Cette prédiction de l'éminent homme d'État s'est entièrement réalisée.

En effet, sauf de très rares exceptions, les Conseils de prud'hommes exercent, de la façon la plus heureuse et la plus conciliante, les attributions qui leur sont conférées par la loi. Ils remplissent une mission d'apaisement et de concorde éminemment profitable à la population industrielle et ouvrière du pays.

C'est ce que pensait un ancien garde des sceaux, M. le sénateur Demôle, lorsqu'il a dit : « Cette juridic- » tion est justement populaire, elle répond aux aspi- » rations et aux besoins de la démocratie moderne en » assurant aux ouvriers et aux patrons, pour les ques-

» tions de travail, une justice expéditive et à bon » marché. »

Pour vous faire comprendre le bien fondé de ces appréciations, je me permettrai de vous citer le Conseil de prud'hommes de Bordeaux (pourquoi ne le ferais-je pas?), et de vous dire que, dans la dernière période décennale, au cours de laquelle nous avons eu à examiner 17,181 affaires, nous sommes parvenus, grâce à de constants efforts et un guide sûr : l'équité, à terminer 13,281 différends par la voie de la conciliation, sans atermoiements et sans frais de procédure, soit une proportion d'affaires conciliées de 77 0/0.

Plût à Dieu qu'on réglât ainsi tous les procès,
Et qu'on suivit toujours cette sage méthode!
Le simple sens commun nous tiendrait lieu de Code :
Il ne faudrait point tant de frais...

MESSIEURS,

Les résultats que je viens d'avoir l'honneur de vous signaler démontrent clairement, vous le voyez, l'utilité pratique et les précieux avantages de notre juridiction. Et ce surcroît de bienfaits qui était réservé à l'avenir et dont parlait, en 1806, Régnault de Saint-Jean-d'Angély, n'est-il pas représenté aujourd'hui par ces récompenses décernées aux ouvriers honnêtes et laborieux par les Conseils de prud'hommes les plus importants, qui suivent en cela l'exemple des prud'hommes bordelais? Car, ne l'oublions pas, et je le dis avec un orgueil légitime et bien pardonnable, c'est au Conseil de Bordeaux que revient l'honneur d'avoir distribué, le premier en France, sous l'impulsion de Louis Privat, ces récompenses qui consistent en prix en argent avec diplômes.

Indépendamment de son rôle judiciaire, il accomplit depuis trente ans cette œuvre philanthropique et moralisatrice, et c'est son exemple salutaire, propagé par les rapports annuels du regretté Adolphe Sarrail, qui a provoqué des fondations analogues dans les grandes villes et la création des médailles d'honneur qui sont accordées par l'État aux vieux serviteurs de l'industrie.

L'an dernier, faisant allusion au grand nombre d'ouvriers méritants eu égard à la quantité restreinte des prix dont nous pouvions disposer, je disais : « *Beaucoup d'appelés, peu d'élus.* » Cette année, par suite d'une décision libérale de la municipalité de Bordeaux, les prix Camille Godard nous permettent de couronner quatre lauréats de plus.

Je saisis l'occasion qui m'est offerte de remercier de nouveau publiquement M. le Maire et MM. les membres de l'Administration et du Conseil municipal.

C'est grâce à votre bienveillant et puissant patronage, Monsieur le Maire, que, répondant au vœu du Conseil de prud'hommes, les représentants de la Cité ont pris cette décision favorable qui témoigne de l'intérêt porté à la classe ouvrière. — Nous vous prions de vouloir bien agréer l'expression de notre profonde gratitude.

J'aurais voulu, Messieurs, vous présenter l'éloge complet des travailleurs d'élite dont nous allons proclamer les noms, mais le temps ne le permet pas et je ne voudrais point abuser de votre attention. — Je me bornerai donc à rappeler brièvement les titres de nos lauréats :

Louis Raffy entrait, il y a quarante-trois ans, dans l'important atelier de menuiserie de M. Boué, dirigé actuellement par M. Albert Lemesle, son petit-fils. — Successivement apprenti, ouvrier, contremaître, il a toujours su, par sa conduite, son ardeur au travail, son honnêteté, s'attirer l'estime et la considération de tous ceux qui le connaissent (patrons et ouvriers).

A la mort de M. Lemesle père, son fils étant jeune encore, Raffy comprend combien son concours devient utile, et n'écoutant que son cœur et guidé par ses sentiments généreux, il repousse les offres avantageuses qui lui sont faites, tenant à rester auprès de son jeune patron. — Il prend la direction de l'atelier, s'occupe des nombreux détails avec un zèle de tous les instants et conserve ainsi à la maison sa nombreuse clientèle.

Ce dévouement absolu au patron mérite d'être signalé d'une manière toute particulière. — Il ne surprend pas de la part d'un homme qui, dans sa jeunesse, s'imposait des privations pour pouvoir rémunérer le professeur qui lui enseignait les éléments de son art.

Ouvrier très habile, Louis Raffy a dirigé longtemps les difficiles travaux de menuiserie exécutés par l'atelier Lemesle pour les constructions navales, et il est toujours à la tête de cet atelier notoirement connu comme un des plus anciens de Bordeaux. — Outre son habileté professionnelle et son généreux dévouement, Raffy possède les qualités du père de famille et donne à tous l'exemple des vertus privées.

A l'occasion du Congrès des architectes qui vient d'avoir lieu à Bordeaux, la Société centrale des Architectes de France lui a décerné une médaille d'honneur. Il était absolument digne de cette haute distinction.

Nous avons attribué à Louis Raffy le prix Privat.

Notre deuxième lauréat, Gabriel FERRAND, était admis en 1834 dans la tannerie Dubois, où son père exerçait les fonctions de contremaître qu'il a conservées juqu'à sa mort.

Le jeune apprenti était alors âgé de quatorze ans. Il fut placé dans l'atelier de corroierie et ne tarda pas à se faire remarquer par son assiduité, travaillant de son mieux sous l'œil vigilant de son père. — Soixante et un ans se sont écoulés depuis cette époque, et Gabriel Ferrand est toujours dans la maison Dubois. — L'apprenti, devenu excellent ouvrier, fut appelé en 1867 à l'emploi de contremaître qu'il occupe encore.

Durant cette longue période, Ferrand s'est constamment appliqué à prendre soin des intérêts de ses patrons.

Le chef actuel de la maison s'exprime ainsi sur son compte : « Mon grand-père, mon père et moi n'avons eu qu'à nous louer de son attachement à la famille et de sa fidélité : souvent nous avons fait appel à son dévouement, jamais il ne nous a fait défaut. — J'ai pour lui la plus grande grande sympathie, et, chaque fois que je suis obligé de m'éloigner de Bordeaux, je peux compter sur lui pour me remplacer. »

Par ces soixante et une années de bons et loyaux services, Gabriel Ferrand s'est créé des titres sérieux à une récompense.

Nous allons décerner, pour la quinzième fois, les deux prix dont Messieurs les Négociants en vins ont tenu à nous faire les dispensateurs.

Les lauréats méritent à tous égards la distinction dont ils sont l'objet :

Le premier, Augustin BUGARD, maître de chai de la maison Dubos frères, dont on connaît l'importance et l'honorabilité traditionnelle, travaille depuis quarante-deux ans dans cette maison, où il entrait en 1853 comme ouvrier tonnelier. — Successivement contremaître de chai, il a toujours rempli sa tâche avec un zèle soutenu, donnant des preuves d'un dévouement qui lui valut l'estime et l'entière confiance de ses chefs.

En accordant, il y a quelques mois, à Augustin Bugard sa médaille d'honneur, la Société nationale d'encouragement au bien a récompensé la vie exemplaire d'un excellent père de famille et d'un bon citoyen que nous sommes heureux de pouvoir glorifier à notre tour.

Mathias FOURTON, ouvrier tonnelier, âgé de soixante-seize ans, est occupé depuis 1846 dans les chais de la maison Cruse et fils frères. — Cela me rappelle la fondation charitable due aux membres de la famille Cruse et dont les ouvriers pauvres et malades bénéficient dans nos hôpitaux. — Que cette généreuse famille nous permette de lui donner ici, au nom de la classe ouvrière, un témoignage de vive reconnaissance.

Mathias Fourton est le type de l'ouvrier probe et consciencieux. Ses patrons déclarent que, depuis un demi-siècle, son travail et sa conduite n'ont jamais laissé à désirer, et ses camarades reconnaissent ses titres à l'obtention d'un de nos prix. — C'est avec plaisir que nous l'avons classé au nombre de nos lauréats.

Parmi les demandes que nous avons eu à examiner, il en est une qui nous a été transmise par M. Delfaud, président de l'Association des Typographes de Bordeaux. Cette demande, revêtue d'un très grand nombre de signatures, est relative à un vieil ouvrier, Pierre Prat, âgé de soixante et onze ans.

Attaché à l'imprimerie Gounouilhou, que ses remarquables travaux ont placée aux premiers rangs de la typographie française, Pierre Prat, disent les pétitionnaires, n'a pas cessé, depuis plus de quarante-deux ans, d'être un modèle d'assiduité et de dévouement.

Le chef de la maison, l'honorable M. Gustave Gounouilhou, a joint à la demande l'apostille suivante : « Pierre Prat est, sans contredit, un des ouvriers les » plus recommandables qui existent, sous le rapport » de ses aptitudes typographiques et de sa ponctualité

» au travail. Prat n'a jamais encouru le moindre blâme » durant sa longue carrière. »

Reconnaissant toutes les qualités de cet excellent ouvrier, M. le Ministre du commerce et de l'industrie lui a accordé, l'année dernière, une médaille d'honneur.

Nous lui avons attribué un des prix Camille-Godard, que nous distribuons aujourd'hui pour la première fois.

Nous devons également rappeler d'une façon spéciale les services de Jeanty SOUBERVIE, né en 1830 à Villenave-d'Ornon, chef de dépôt des écuries et de la cavalerie de la maison Ducos, Sarrat et Cie, où il entrait il y a quarante-trois ans.

Deux faits doivent être cités à son honneur. — En 1881, une Compagnie nouvelle vient faire une concurrence redoutable aux fabricants d'engrais établis à Bordeaux. — Des propositions sont faites à Soubervie; son salaire sera doublé. — Il refuse la position avantageuse qui lui est offerte et préfère subir une réduction du prix de son travail pour rester fidèle à ses patrons.

Deux ans plus tard, les conducteurs demandent une augmentation du taux de la journée.

Les pertes causées par la concurrence ne permettent pas d'accorder cette augmentation, les cochers abandonnent leurs équipages.

Que fait Soubervie? Il attelle les tonnes, place sa femme et ses deux fils à la tête des chevaux, et le travail est continué jusqu'à ce que les partants aient été remplacés.

Nous serons heureux de proclamer tout à l'heure le nom de ce serviteur dévoué.

M. Bétus, fabricant de futailles, et MM. Patanchon père et fils, ses prédécesseurs, nous ont présenté un candidat, Hippolyte Hélary, né le 5 janvier 1822. — Entré comme apprenti dans cet atelier en 1830, il y occupe actuellement l'emploi de contremaître et compte soixante-cinq années de services.

Il sut bien vite se faire estimer de ses patrons, qui l'affectionnaient, et dont il a vu se succéder trois générations. Bien des fois il fut chargé d'importants mouvements de fonds et s'en acquitta toujours avec une scrupuleuse exactitude. D'une honnêteté à toute épreuve, travailleur infatigable, Hippolyte Hélary a droit à la considération publique.

La persévérance conduit au succès.

Tel est le sentiment de M. Lévèque, directeur de la fabrique de chaussures connue sous le nom de Maison Gilloux.

Depuis huit ans, en effet, il a renouvelé régulièrement la demande présentée par lui en 1887, en faveur de son contremaître, Germain Barzac, qui va enfin être inscrit dans notre livre d'or du travail. Barzac est l'objet de recommandations des plus honorables. S'il a attendu longtemps, ce n'est pas que sa carrière laborieuse n'ait été justement appréciée. Nous l'avions, au contraire, classé, sinon parmi les élus, du moins parmi les meilleurs, et c'est avec une réelle satisfaction que nous lui décernons le prix qu'il a si bien mérité par trente-huit ans de service intelligents qui ont certainement contribué à maintenir la bonne réputation de la maison à laquelle il appartient.

Le prix offert par M. D. Guillot, notre ancien collègue, que nous remercions de son généreux concours, est attribué cette année au chef mécanicien Jules Melon, attaché depuis vingt-sept ans à la Société des grues à vapeur du port de Bordeaux.

Ce serviteur zélé n'a jamais marchandé son labeur ni sa peine, se multipliant jour et nuit pour le bien du commerce, chaque fois que les circonstances l'exigeaient, et l'on peut dire que c'est à sa vigilance et à ses soins qu'il n'y a pas eu d'accident grave à déplorer.

Messieurs, rendons un public hommage à ces modestes ouvriers qui ne s'écartent jamais de l'austère chemin du devoir, à ces vaillants soldats de l'armée pacifique du travail. Ils ont connu les difficultés de la vie, et nous les voyons, hommes de courage et de probité, lutter avec énergie contre les entraînements séducteurs ; nous les voyons, dans leur jeunesse, toujours laborieux, souvent élèves de ces classes d'adultes qui constituent l'un des plus beaux titres de gloire de la Société Philomathique.

A ce propos, permettez-nous de vous retenir un seul instant.

En notre qualité de président du jury d'État chargé d'examiner les ouvriers d'art qui désirent bénéficier des dispositions de la loi militaire, nous sommes appelé à faire tous les ans une constatation bien flatteuse pour la Société Philomathique. Presque toujours, les jeunes gens que leurs aptitudes professionnelles nous font inscrire en tête de la liste d'admissibilité sont d'anciens élèves de nos classes d'adultes.

Cette année, figurent sur la liste *douze* de ces élèves, dont *sept* parmi les quatorze premiers.

N'est-ce pas là une preuve certaine de la puissante influence d'un enseignement confié à des maîtres habiles?

Nous ne saurions trop le répéter : par la création de ses classes d'adultes, la Société Philomathique, fidèle à ses origines et à ses traditions, a fortement contribué à élever le niveau de l'instruction professionnelle dans notre région.

Au nom de la population industrielle et ouvrière, nous lui en exprimons toute notre reconnaissance.

MESSIEURS,

La XIIIe Exposition de Bordeaux surpassera ses aînées en éclat et en splendeur. Elle sera digne de notre grande cité.

En présence de cette imposante manifestation, vous partagerez, j'en suis sûr, nos sentiments, et vous direz avec nous à ses organisateurs :

« Merci pour votre belle œuvre!

» Merci pour cette œuvre ardue et méritoire qui vous fait le plus grand honneur! »

Je m'arrête, Messieurs. Il ne me reste plus, pour terminer, qu'à proclamer nos lauréats :

Prix Privat, d'une valeur de 500 fr. : Louis Raffy, contremaître menuisier, 43 ans de services dans le même atelier.

Prix des Prud'hommes-Patrons, d'une valeur de

250 fr. : Gabriel Ferrand, tanneur, 61 ans de services dans la même maison.

Prix des Négociants en vins, d'une valeur de 500 fr. : Augustin Bugard, maître de chai, 42 ans de services dans la même maison Dubos frères.

Prix des Négociants en vins, d'une valeur de 250 fr. : Mathias Fourton, ouvrier tonnelier, 49 ans de services dans la maison Cruse et fils frères.

Prix Camille-Godard, d'une valeur de 500 fr. : Pierre Prat, ouvrier typographe, 42 ans de services dans l'imprimerie Gounouilhou.

Prix Camille-Godard, d'une valeur de 500 fr. : Jeanty Soubervie, chef de dépôt des écuries, 43 ans de services dans la maison Ducos, Sarrat et Ce.

Prix Camille-Godard, d'une valeur de 250 fr. : Hippolyte Hélary, ouvrier fabricant de futailles, 65 ans de services dans le même atelier.

Prix Camille-Godard, d'une valeur de 250 fr. : Germain Barzac, contremaître cordonnier, 38 ans de services dans la même maison.

Prix Guillot, d'une valeur de 125 fr. : Jules Melon, chef mécanicien, 27 ans de services dans la même maison.

Enfin M. Vergez, Directeur des Cours de la Société, clôt la série des discours en donnant lecture de son rapport annuel dont voici le texte :

Mesdames, Messieurs,

C'est avec une profonde joie que nous constatons que les brillantes solennités des derniers jours, que l'attrait de notre magnifique Exposition n'ont point amoindri votre intérêt en faveur de notre fête scolaire annuelle. Vous y êtes venus avec votre empressement accoutumé pour attester une fois de plus votre sollicitude envers nos élèves et votre intérêt à l'égard d'une Œuvre dont vous aimez à suivre les incessants progrès.

Cette année, ces progrès ne se sont pas manifestés par des créations nouvelles. Et cependant, que d'utiles améliorations n'avons-nous pas réalisées, notamment en dédoublant certains cours ou en augmentant dans d'autres le nombre des leçons? C'est ainsi qu'aux cours des dames, des sections ont été créées dans les classes de broderie, de sténographie, et qu'aux cours des hommes, particulièrement dans la classe d'ébénisterie, le temps consacré aux études a été sensiblement étendu.

Si l'enseignement s'en est avantageusement ressenti, la tâche des professeurs en est devenue d'autant plus lourde, et notre premier devoir est de remercier Mme Haendel, Mlle Duffo et M. Touzé pour la bonne volonté avec laquelle ils ont accepté ce surcroît de labeur.

Nous remercions également deux collaborateurs nouveaux, MM. Parrain et Bicharrette, d'avoir bien voulu prendre la direction de nos cours d'espagnol élémentaire et de tonnellerie, en remplacement de MM. Jalifié et Antoune, que des raisons personnelles ont éloignés de nous et qu'accompagnent nos sympathiques regrets et notre sincère reconnaissance.

Nous exprimerons les mêmes sentiments à deux

professeurs qui ont également cessé de faire partie de notre personnel : le premier, M. Worms, parce qu'il a quitté Bordeaux, ce qui a motivé la suppression de son cours de technologie; le second, M. Loiseleur, dont la classe de chimie a été réunie à celle de physique pour ne former qu'un seul cours de physique et chimie générales confié au distingué M. Kowalski.

Nous espérons, toutefois, que M. Loiseleur n'est que momentanément séparé de nous, et qu'à la première occasion favorable, nous le rattacherons à notre institution, où il est si sympathique et si apprécié comme professeur.

De justes remerciements sont dus aussi à M. Girault, notre excellent collaborateur, de même qu'à deux maîtres étrangers à l'école, MM. Léonard et Bal, et à deux anciens lauréats, Mlle Élise Duffo et M. Henri Hamm, pour l'empressement avec lequel ils ont bien voulu suppléer plusieurs fois quelques-uns de nos professeurs indisposés ou absents.

Nous n'oublierons pas non plus de complimenter l'une de nos meilleures élèves, Mlle Madeleine Malé qui, comme monitrice de la classe de coupe de vêtements, a intelligemment concouru au succès de cette classe.

Enfin, puisque notre reconnaissance doit s'étendre à tous les services qui nous sont rendus, permettez-moi, au risque de troubler la gaieté de cette fête par un pénible souvenir, de saluer d'un hommage bien mérité la mémoire d'un membre de la Chambre syndicale des géomètres experts, qui, concurremment avec ses honorables collègues, a longtemps assuré notre enseignement d'arpentage et nivellement : j'ai nommé le regretté M. Lapierre.

Ces éloges, ces témoignages sympathiques que nous exprimons à nos éminents professeurs ne peuvent traduire que d'une manière bien faible, bien insuffisante, ce que nous pensons d'eux et de leur excellent enseignement.

En vain, y ajoutons-nous, chaque année, quelqu'une de ces manifestations personnelles sur lesquelles il ne m'est pas permis d'anticiper, mais qui, tout à l'heure, provoqueront les acclamations en l'honneur de trois de nos collaborateurs particulièrement distingués et méritants : MM. Ribéreau, Sarlit et Tapie.

Nous n'en serions pas moins impuissants à récompenser dignement de si utiles services si des distinctions d'un autre prix que les nôtres ne venaient parfois attester que le gouvernement, éclairé par la bienveillance des autorités locales, tient lui-même à honorer et à encourager ceux qui s'efforcent de travailler au bien social et au bonheur de leurs semblables.

C'est ainsi que nous avons tous applaudi à la croix d'honneur conférée à l'un de nos plus affectionnés collaborateurs, M. Girard. Depuis l'année 1877, M. Girard fait partie de notre personnel où il professe la géographie avec une supériorité incontestée et où, dans les cours de femmes, il enseigne aussi la lecture élémentaire, mission délicate, pénible, qui exige une patience, une douceur, un tact tout particulier. Les services que nous a rendus M. Girard ont dû, et nous en sommes fiers, contribuer pour une bonne part à la distinction qu'il a reçue; mais il avait dans l'enseignement public tant d'autres titres à cette distinction qu'on peut vraiment dire qu'elle a été la légitime récompense de toute une carrière de travail, de dévouement et d'honorabilité.

M. Alaux, professeur d'espagnol, un des nôtres aussi, a été promu officier de l'Instruction publique. Nous nous en sommes réjouis et nous l'en félicitons cordialement. M. Alaux s'applique à sa mission à nos cours avec cette affabilité, cette compétence, ce soin scrupuleux qui l'ont de tout temps distingué dans l'Université, et qui ne lui ont créé partout que des amis. Aussi, peux-je dire que sa nomination a été unanimement ratifiée par le sentiment public.

Nos élèves ont bénéficié, de leur côté, de plusieurs décisions dont ils ont été, comme nous, vivement touchés.

M. le Ministre du commerce et de l'industrie a bien voulu nous adresser à leur intention quatre médailles d'argent, grand module, qui vont être remises tout à l'heure aux plus méritants des cours commerciaux et industriels.

La Chambre de commerce a ajouté à toutes les libéralités dont elle nous honore déjà deux bourses de voyages destinées chaque année à faciliter l'embarquement et l'apprentissage comme élèves mécaniciens des deux premiers lauréats du cours de conduite des machines.

Nous en sommes profondément reconnaissants à M. le Ministre et à la Chambre de commerce. Nous remercions également les Sociétés de Sainte-Cécile et de la Ligue de l'enseignement, qui, fidèles à leurs traditions, ont convié à leurs solennités un certain nombre de nos élèves.

Nous remercions aussi les nombreuses personnes qui ont bien voulu favoriser nos visites scolaires, sans oublier MM. les Directeurs des établissements métallurgiques de Labouheyre et de Pontenx, où a été effectuée une excursion importante, sous la direction de MM. les professeurs Lambot et Longueville.

Nous adresserons un souvenir ému et reconnaissant à un des plus anciens philomathes, M. de Beyssac, que la mort nous a récemment enlevé, et qui, ami passionné de nos cours jusque dans ses suprêmes pensées, nous a laissé, nous venons de l'apprendre, un don généreux dont nos récompenses s'enrichiront l'an prochain.

L'Association de nos anciens lauréats, dont il m'est toujours si doux de vous entretenir, vient encore, elle aussi, de signaler sa sollicitude pour notre Œuvre par la fondation d'un nouveau prix annuel destiné à récompenser la jeune fille la plus méritante de nos cours professionnels.

Une telle création, toute spontanée de la part de nos lauréats, a été particulièrement agréable à la Société Philomathique, qui est heureuse de voir prospérer cette famille, composée de ses plus chers enfants. Cette année encore a été par eux utilement employée, notamment à développer un service de placement, intelligemment organisé, et dont ils font profiter généreusement tous nos élèves. Ils méritent vraiment la sympathie, la considération dont ils sont entourés dans notre cité, et dont ils ont eu récemment une preuve nouvelle et bien flatteuse à l'occasion de toutes ces fêtes, où le président de l'Association a été officiellement convié à la représenter.

Chers élèves, qui entendez ces paroles, attachez-vous à marcher sur les traces des lauréats qui vous ont précédés et à vous inspirer de leur bon exemple. Venez grossir les rangs de leur Association. Vous vous trouverez en agréable et salutaire compagnie ; j'ajoute qu'ils auront en vous des adhérents dignes d'eux.

Vous avez travaillé, en effet, cette année avec une intelligence, une ardeur, que révèle la remarquable exposition de vos travaux et dont nous vous félicitons sincèrement. Gardez le souvenir de cette année, exceptionnelle dans les annales philomathiques. Gardez le souvenir des excellents professeurs qui se sont dévoués pour vous et qui sont justement fiers de vos succès.

Et en terminant, laissez-moi vous dire, à vous, à nos chers professeurs, à nos anciens lauréats, à tant d'autres protecteurs et amis, que si pour le directeur des cours l'année scolaire qui s'achève est aussi une année inoubliable, il vous remercie d'avoir contribué, par vos sympathiques manifestations, à en graver la mémoire dans son cœur.

Il est procédé ensuite à l'appel des lauréats. Cette lecture du palmarès provoque à plusieurs reprises les applaudissements du public. La musique militaire du 57e de ligne, sous la direction de M. Barnier, a fait entendre après chacun des discours des morceaux qui ont été écoutés avec un réel plaisir. Elle a exécuté notamment la *Troisième Marche aux flambeaux* de Meyerbeer, qui a été couverte d'applaudissements, et *Souvenirs de Madrid* de Pedro Soler, qui a été l'occasion d'un véritable triomphe.

A quatre heures et demie la cérémonie était terminée.

RAPPORT

Sur le fonctionnement de l'École supérieure de Commerce et de l'École supérieure d'Industrie pendant l'année scolaire 1894-95,

par M. J. Manès, Directeur.

Lu à l'Assemblée générale des membres de la Société du 10 janvier 1896.

Messieurs,

Le Rapport que j'ai à vous présenter ce soir, sur la dernière année scolaire de l'École supérieure de commerce et d'industrie, différerait peu des précédents, si en dehors de la marche régulière des études, pendant laquelle se sont réalisées de nouvelles améliorations et affirmés de nouveaux progrès, je n'avais à signaler la part prise par l'École à l'Exposition de la Société Philomathique, et, à cette occasion, le grand honneur que nous a fait M. Lebon, ministre du commerce, en venant visiter nos cours le 11 mai dernier.

Depuis la reconnaissance par l'État de notre division commerciale comme École supérieure de commerce, c'était pour la première fois qu'un Ministre du commerce venait apporter aux élèves de l'École et à leurs professeurs, par sa présence au milieu d'eux, un inappréciable témoignage de sollicitude et d'intérêt, et nous lui en avons été d'autant plus profondément reconnaissants que son temps, étroitement limité, était réclamé par d'autres visites plus importantes.

Les paroles de satisfaction qu'il nous a adressées en se retirant ont été, pour les efforts de tous, le meilleur des encouragements, et nous en avons retenu que nous pouvions compter, de la part du Ministère du commerce, qui suit attentivement nos progrès, sur le plus constant et le plus bienveillant appui.

Je n'ai pas à insister ici sur la part prise par l'École à l'Exposition : professeurs et élèves ont fait de leur mieux pour qu'elle soit aussi importante et aussi intéressante que possible. On ne pouvait malheureusement lui consacrer beaucoup de temps, les exigences de nos programmes devant avant tout être satisfaites. Il en restera néanmoins d'excellents travaux, et le moteur à gaz construit dans nos ateliers en sera un permanent témoignage quand son installation dans la salle des machines sera entièrement terminée.

Le concours d'entrée de 1894-95 a eu lieu le 8 octobre 1894, devant le jury institué par le décret du 31 mai 1890. Présidé par M. GEDELIN, professeur à la Faculté des lettres, ce jury comprenait :

Le président de la Société Philomathique, M. HAUSSER, ingénieur en chef des ponts et chaussées et de la Compagnie des chemins de fer du Midi, et MM. MORISOT, professeur à la Faculté des sciences; CHAMPON, professeur au Lycée ; DE LAGRANDVAL, professeur honoraire au Lycée; le Directeur et un professeur de l'École, M. KRAEMER, professeur de langue allemande.

Il comprenait en outre deux examinateurs adjoints : MM. TROLY, professeur au Lycée, et PEREZ-HENRIQUE, négociant, président de l'Association des anciens élèves de l'École.

55 places étaient mises au concours et 80 candidats s'étaient fait inscrire pour y prendre part. 66 avaient seize ans révolus au 1er janvier 1894, et 14 qui ne devaient avoir cet âge qu'entre cette date et celle de l'ouverture du concours, ont obtenu du Ministre du commerce, conformément aux prescriptions du décret du 22 juillet 1890, des dispenses d'âge exceptionnelles.

Sur ces 80 candidats :

55 ont été admis à la suite du concours ;
17 ont été ajournés ;
2 se sont retirés avant d'avoir subi toutes les épreuves ;
1 a été exclu du concours par décision ministérielle,
et 5 ne se sont pas présentés aux épreuves.

Aux 55 élèves admis il y a lieu d'ajouter :

3 élèves reçus au concours précédent et qui avaient dû, conformément au règlement, faire avant d'entrer à l'École leur année de service militaire.

Le nombre des admissions en première année normale a été en conséquence de 58.

En deuxième année normale, 36 élèves ont été admis après avoir achevé dans les conditions exigées leur première année d'études.

Enfin, dans la division préparatoire, sur 40 candidats inscrits :

26 ont été admis après examen ;
7 pourvus du certificat d'études primaires supérieures ou d'autres titres au moins équivalents l'ont été sans examen,
et 7 ont été ajournés pour insuffisance de préparation.

Le nombre des élèves admis pour l'ensemble de la division commerciale a été en conséquence de 127, dont :

36 en deuxième année normale ;
58 en première année normale;
33 au cours préparatoire.

Dans la division industrielle, 14 élèves se sont fait inscrire pour subir les épreuves d'admission en première année :

9 ont été admis à la suite des examens;
2 admissibles à l'École des Arts et Métiers d'Angers ont été admis sans examen,
et 3 ont été ajournés.

En deuxième année, 11 élèves ont été admis :

10 à la suite des examens de passage,
et 1 en qualité de redoublant.

Le nombre des élèves reçus dans la division industrielle a été par suite de 22, ce qui donne pour le total général des admissions dans les deux divisions, commerciale et industrielle, 149 élèves, dont :

127 pour la division commerciale,
et 22 pour la division industrielle.

2 élèves de la division commerciale de deuxième année et 1 élève de la division industrielle ne s'étant pas présentés à la rentrée, et 3 élèves de l'année ayant été obligés par le règlement à s'engager avant de venir à l'École pour faire leur année de service militaire, le nombre des élèves présents à l'ouverture des cours s'est abaissé à 143.

Il y a lieu de remarquer ici que c'est surtout la qualité des élèves qui a très sensiblement progressé.

Les résultats du concours d'entrée ont été bien meilleurs que ceux du précédent, et le nombre des bacheliers qui y ont pris part a presque doublé, atteignant le chiffre de 21, le plus élevé qui ait été encore obtenu.

Pendant l'année scolaire 1894-95, 23 élèves ont été admis en qualité de boursiers :

3 ont conservé les bourses de l'État qu'ils avaient obtenues de M. le Ministre du commerce et de l'industrie en 1893 ;
4 ont obtenu des bourses du Conseil général;
8 — de la Ville de Bordeaux;
8 — de la Chambre de commerce.

38 des élèves nouveaux admis soit en première année dans les deux divisions, soit au cours préparatoire, provenaient de la ville de Bordeaux;
12 des autres communes du département de la Gironde;
21 des départements voisins;
24 des autres départements;
1 du Sénégal :
6 étaient d'origine étrangère.

Aux 143 élèves présents à la rentrée, il y a lieu d'ajouter 19 aspirants conducteurs des ponts et chaussées qui sont venus profiter des cours gratuits institués en leur faveur dans la division industrielle.

Le nombre des élèves réguliers s'est d'ailleurs abaissé, pendant le cours de l'exercice, à 123 par suite de 4 renvois et de 16 départs volontaires.

La marche des études, pendant l'année, a été très satisfaisante, des progrès sensibles ont été réalisés, et les résultats suivants des examens de fin d'année en sont la preuve.

En deuxième année :

Dans la division commerciale, sur 31 élèves qui ont achevé leurs études,

18 ont obtenu le diplôme supérieur;
8 le certificat de capacité,
et 5 dont un malade pendant les examens et qui a obtenu l'autorisation de redoubler son année, n'ont pu arriver à une somme de points suffisante pour obtenir l'un des titres ci-dessus.

Et dans la division industrielle, sur 8 élèves qui se sont présentés aux examens de sortie :

4 ont été éliminés à la suite des épreuves orales,
et 4 ont obtenu l'ensemble de notes exigé pour recevoir le diplôme.

En première année, sur 48 élèves de la division commerciale :

45 ont obtenu la somme de points suffisante et ont été admis en deuxième année;
3 se sont trouvés dans l'obligation de se représenter au concours d'entrée ou de renoncer à l'École.

Et sur 10 élèves de la section industrielle, 9 ont pris part aux examens de fin d'année,

et 6 ont été jugés dignes de passer en deuxième année.

Enfin, sur 26 élèves qui ont suivi jusqu'à la clôture le cours préparatoire :

15 ont obtenu l'attestation d'études,
et 12 ont été, à la suite du dernier concours d'entrée, admis en première année normale.

Le jury des épreuves de sortie de la division commerciale avait été désigné par M. le Ministre du commerce, conformément au décret du 31 mai 1890 et comprenait :

M. GAYON, professeur à la Faculté des sciences, président, et MM. SAIGNAT et MONNIER, professeurs à la Faculté de droit, GEBELIN, professeur à la Faculté des lettres, Maurice TANDONNET, négociant-armateur, ancien juge au Tribunal de commerce, le Directeur et un professeur de l'École, M. GUIGNON, professeur du cours d'armements maritimes.

MM. DIDIER, professeur à la Faculté de droit, PEIGNIER et MEYER, professeurs au Lycée, et M. PARRAIN, professeur à la Chambre syndicale des employés de commerce et aux cours de la Société Philomathique, faisaient également partie du jury en qualité d'examinateurs adjoints.

Quant aux divers jurys des examens de fin d'année de la division industrielle, ils ont été comme d'habitude présidés par des membres du Conseil de surveillance et de perfectionnement de l'École, assistés des professeurs et d'examinateurs étrangers. A ce dernier titre, ont été appelés à en faire partie :

MM. BESSE, président du Tribunal et membre de la Chambre de commerce ; CAZES, ancien ingénieur du matériel de la voie au Chemin de fer du Midi ; GAYON, professeur à la Faculté des sciences ; HAUSSER, ingénieur en chef des ponts et chaussées et de la Compagnie des chemins de fer du Midi ; KAUFFMANN, ingénieur des ponts et chaussées ; LAURENT, ingénieur des ateliers de la Compagnie des chemins de fer du Midi, et SAINT-MARC, professeur à la Faculté de droit.

Nous ne saurions trop remercier les Présidents et tous les membres de ces divers jurys du précieux concours qu'ils nous ont apporté. La plupart d'entre eux font partie de nos commissions d'examens depuis déjà plusieurs années, quelques-uns même depuis la fondation de l'École; ils ont donc pu apprécier d'autant mieux les progrès croissants de nos élèves, et c'est en m'appuyant sur leur témoignage que je suis heureux de constater ici les excellents résultats de nos derniers examens de sortie.

A la suite des épreuves de fin d'année, 22 diplômes dont 18 diplômes supérieurs, 8 certificats de capacité et 15 attestations d'études ont été délivrés [1]. Les deux premiers diplômés de la division commerciale, MM. Buhan et Lansac, ont en outre mérité par leur rang de sortie les bourses de voyage accordées par la Chambre de commerce. Enfin, le prix d'une valeur de 100 francs avec médaille commémorative institué l'année dernière, en faveur de l'École supérieure de commerce, par la Société des Amis de l'Université, a été attribué cette année à l'élève Puyo, de Pouillon (Landes), classé le 3e sur la liste des diplômés.

---

[1] *Diplômes supérieurs* (division commerciale) : MM. Buhan, Lansac, Puyo, Puymoyen, Laval, Ballet, Laplace, Moreau, Petit, Dupont, Robert, Mainvielle, Bonneau, Sure, Prat-Rousseau, Lachaud, Coqué et Térigi.

Diplômes (division industrielle) : MM. Goupil, de Le Vielleuse, Enjalbert, Paul.

Certificats de capacité (division commerciale) : MM. Larregain, Gallias, Chapsal, Roehrig, Navaille, Lacourrège, Brunet et Lescouzères.

Le Comité de la Société Philomathique ayant bien voulu décider, sur le désir que lui en a exprimé la Société des Amis de l'Université, que la remise de ce prix serait faite en assemblée générale, M. Puyo viendra tout à l'heure le recevoir des mains de notre Président.

Le personnel de l'École a été cette année douloureusement éprouvé. Le 23 février 1895, M. le capitaine Izar, qui remplissait les fonctions d'inspecteur des études depuis le 1er novembre 1876, est décédé après quelques jours de maladie, et le 28 août suivant nous avions le chagrin de perdre notre éminent professeur de droit commercial maritime et industriel, M. Auguste Ribéreau, qui faisait partie du personnel enseignant de l'École depuis sa fondation. Nous ne pouvons oublier leurs longs et excellents services, et en rappelant ici l'intérêt affectueux qu'ils témoignaient aux élèves, nous ne saurions trop exprimer combien leur perte a été dans toute l'école profondément ressentie. M. Izar a été remplacé le 4 mars par M. Geneau, capitaine en retraite, chevalier de la Légion d'honneur, et M. Ribéreau à la rentrée, par M. Lecoq, professeur à la Faculté de droit, chevalier de la Légion d'honneur.

Nous avons dû également donner au mois d'octobre dernier un successeur à M. l'ingénieur Clavel, professeur depuis 1885 du cours de Travaux publics de la Division industrielle, démissionnaire. Le choix de votre Comité s'est porté sur M. Poccard, ingénieur des arts et manufactures, agent voyer principal du département de la Gironde, qui, dans plusieurs circonstances, nous avait déjà prêté son concours en suppléant M. Clavel.

A ces nouveaux collaborateurs je souhaite la plus cordiale bienvenue, et je rends une fois de plus à tout le personnel de l'école, professeurs, examinateurs et autres fonctionnaires, le témoignage qu'anciens et nouveaux ne cessent d'accomplir leur tâche avec le plus grand zèle et le meilleur dévouement.

Je signalerai particulièrement ceux de nos professeurs et collaborateurs qui ont fourni leur concours empressé au Congrès de l'enseignement technique : MM. Merckling, Alaux, Biard, Breittmayer, Bonnin, Bourrié, Despagnet, Kraemer, Biaut, et ceux qui ont plus spécialement donné leur collaboration à la préparation et à l'installation des travaux de notre Exposition : MM. Ragain, Biaut, Lafosse et Catherineau.

J'adresse, enfin, les félicitations les plus sincères à ceux d'entre eux qui ont obtenu depuis l'exercice précédent des distinctions honorifiques bien méritées : MM. Merckling, Alaux, Dukacinski et Sarlit, nommés officiers de l'Instruction publique, et M. Raba, nommé officier d'Académie.

Grâce à l'Exposition de la Société Philomathique, le Musée de l'École a pu s'enrichir de nouvelles collections et renouveler un certain nombre d'échantillons qui avaient besoin d'être remplacés.

Parmi les nouvelles acquisitions, je citerai les dons importants de la Société des mines et fonderies de zinc de la Vieille-Montagne, de la Compagnie des mines de Campagnac, de la Société métallurgique de Champigneulles, de la Société anonyme des manufactures de glaces et produits chimiques de Saint-Gobain, de la Société des produits chimiques de Birambitz, de la Compagnie du gaz, de la Société des mines de manganèse de « Las Cabesses », etc., etc. Je signalerai également l'envoi que nous devons à la Chambre de commerce, de six magnifiques vues de l'Exposition coloniale, et le don précieux fait à notre Musée maritime par la Compagnie des Chargeurs réunis, d'un ingénieux modèle de gouvernail de fortune imaginé par le capitaine Créquer et installé par son auteur, en 1893, sur le *Dom-Pedro* pendant une de ses traversées de Buenos-Ayres au Havre.

La bibliothèque de l'École s'est également accrue de publications importantes, grâce à de nombreux donateurs, au premier rang desquels figurent, comme les années précédentes, M. le Ministre du commerce et de l'industrie, M. le Ministre des travaux publics, M. le Gouverneur général de l'Algérie, les Chambres de commerce de Bordeaux et de Lyon, la Chambre de commerce française de Constantinople, etc., etc.

Je m'empresse de témoigner à tous ces donateurs, pour leurs précieux envois, toute la gratitude de l'École, et je joins à eux, dans les remerciements, les chefs des divers établissements qu'ont visités pendant l'année nos élèves et leurs professeurs. L'accueil qu'ils ont reçu à l'Entrepôt réel et aux docks de la Chambre de commerce, à la Compagnie des Messageries maritimes, aux chantiers et cales de halage de la rive droite, aux ateliers de la Compagnie du Midi et de la Société Dyle et Bacalan, aux stéarineries, savonneries, etc., de MM. Mallet et fils, Poisson et Cazalis, Tessier et Huyard, a été des plus empressés, et il a témoigné d'un trop bienveillant intérêt pour n'être pas particulièrement signalé dans ce rapport.

Les dépenses de la dernière année scolaire se sont élevées à 90,183 fr. 25; elles se répartissent de la manière suivante ;

1° Appointements du personnel.............. F.		76,244 55
2° Dépenses accessoires :		
Frais de poste, de bureau et d'imprimés divers....................F.	729 65	
Chauffage et éclairage............	640 65	
Bibliothèque, achat de matériel et fournitures diverses............	2,533 05	
Mobilier et matériel (entretien), assurances, etc..................	1,164 30	
Frais d'impression et de publicité..	597 10	
Jetons de présence des examinateurs et des membres des jurys d'entrée et de sortie, et allocations diverses..................	4,845 »	
Imprévu..........................	410 25	
Exposition........................	3,018 70	
Ensemble......F.		13,938 70
Total égal.. .....F.		90,183 25

Ces dépenses ont été couvertes :

1° Par l'allocation du Ministère du commerce...F.	3,000	»
2° Par les subventions habituelles du Conseil général, de la Ville et de la Chambre de commerce, s'élevant ensemble à	50,000	»
3° Par les rétributions des élèves qui ont donné...	38,050	»
Soit ensemble.............F.	91,050	»

Il y a donc eu un excédent de recettes de 866 fr. 75 sur les dépenses, et il a été reporté au budget supplémentaire pour être employé en 1896 à diverses améliorations matérielles.

Cette situation financière a été vérifiée par une commission spéciale désignée par votre Comité et a été approuvée conformément aux statuts de l'École par son Conseil de surveillance et de perfectionnement, le 12 novembre dernier. Une fois de plus, notre excellent trésorier, M. Tisseyre, a droit à tous les remerciements de l'École pour les soins qu'il a apportés à la bonne gestion de ses finances pendant le dernier exercice, et nous lui en sommes d'autant plus reconnaissants que, pendant l'Exposition, il a dû consacrer à la trésorerie de la Société Philomathique, d'incalculables efforts et un exceptionnel dévouement. Je vous prie de remarquer, d'ailleurs (ainsi que vous l'a déjà dit, dans votre dernière assemblée générale, M. le Président, en réponse à une observation du rapport de votre Commission de vérification des comptes), que l'École supérieure ne reçoit aucune somme de la Société Philomathique, et qu'il ne peut par suite y avoir rien de commun entre leurs deux budgets.

La séparation est tellement complète que de 1877 à 1891, c'est-à-dire pendant plus de treize ans, nous avons conservé comme trésorier spécial, M. Georges Laroze, bien qu'il ne fût plus trésorier de la Société Philomathique ; aussi j'espère que, suivant cet exemple, notre nouveau vice-président, M. Tisseyre, voudra bien accéder à notre désir et faire à l'École supérieure de commerce et d'industrie l'honneur de rester son trésorier.

J'aurais achevé ce rapport si je n'avais encore à vous faire connaître quelques modifications importantes introduites pendant l'année dans les dispositions législatives et réglementaires concernant les écoles supérieures de commerce.

Je signalerai tout d'abord, en ce qui concerne les dispositions législatives, l'abaissement du nombre des points accordés pour le concours d'entrée aux candidats pourvus d'un diplôme de bachelier. A partir de 1896, le décret du 29 août dernier ne leur accorde plus qu'une majoration de 30 points au lieu de 60, mais cette majoration est élevée à 40 points pour les candidats pourvus de plusieurs diplômes de baccalauréat. Le même décret réduit la limite d'âge primitivement fixée pour l'obtention des dispenses pouvant être exceptionnellement accordées par le Ministre.

Quant aux dispositions réglementaires nouvelles, je

signalerai particulièrement qu'en exécution des prescriptions de l'arrêté du 4 avril 1895, la liste des sujets d'interrogations des examens de sortie ne peut plus être arrêtée par le jury, mais qu'elle doit être préalablement soumise par la Direction de l'Ecole à l'approbation du Ministre.

D'autres arrêtés en date des 20 février, 23 juillet et 22 août 1895, ont aussi modifié notre réglementation officielle, mais il serait trop long d'en aborder ici les détails et je me bornerai à dire qu'ils ont eu en général pour résultat d'étendre certains délais dont la brièveté présentait quelquefois des difficultés d'application, de donner aux élèves des facilités plus grandes pour leurs examens dans certains cas d'absences justifiées ; d'étendre les pouvoirs du Conseil d'ordre pour tout ce qui concerne les questions disciplinaires, et enfin de réaliser sur certains points diverses mesures de décentralisation qui ont paru compatibles avec le bon fonctionnement des études.

En terminant, Messieurs, je dois remercier le Conseil de surveillance et de perfectionnement de l'Ecole, ainsi que le Comité d'administration de la Société Philomathique, de tout l'intérêt qu'ils ne cessent de témoigner à l'Ecole supérieure de commerce et d'industrie. Je dois aussi exprimer à notre dévoué Président, M. Hausser, au moment où il va cesser d'être à la tête de la Société, toute la gratitude de l'École et lui rappeler qu'une place lui est réservée, par nos règlements, dans le Conseil de surveillance et de perfectionnement. En venant l'occuper toutes les fois qu'il le pourra, il donnera à l'École supérieure, qui ne peut oublier tout ce qu'il a fait pour elle, une nouvelle preuve de sollicitude dont elle lui sera très profondément reconnaissante.

SOCIÉTÉ PHILOMATHIQUE

COURS D'ADULTES

DONATEURS

Donation d'une rente annuelle et perpétuelle de 40 francs, par Mme BOUTÉ, veuve C. RÖDEL, en mémoire de son fils Jules RÖDEL.

Legs d'une somme de 2,000 francs, par M. VIGNAUX, ancien vice-président de la Société Philomathique.

Legs d'une maison sise à Bordeaux, par M. LAURIOL.

Legs d'une rente annuelle et perpétuelle de 500 francs, par M. BLANCHARD-LATOUR.

Autorités, Corps constitués ou Associations ayant institué des subventions ou des prix en faveur des Cours d'adultes.

Le Ministère du Commerce.
Le Ministère de l'Instruction publique et des Beaux-Arts.
Le Conseil général.
Le Conseil municipal.
La Chambre de commerce.
M. le Premier Président.
M. le Recteur.
La Chambre syndicale des Entrepreneurs de charpenterie.
La Chambre syndicale des Entrepreneurs de menuiserie.
La Chambre syndicale des Entrepreneurs de maçonnerie.
La Chambre syndicale des Entrepreneurs de serrurerie.
La Chambre syndicale de la Cordonnerie.
La Société syndicale et professionnelle des Maîtres-Tailleurs.
Le Syndicat général de l'Ameublement.

Le Syndicat du Commerce en gros des vins et spiritueux.
La Chambre syndicale des Géomètres experts.
Le Syndicat des Négociants en nouveautes et industries similaires.
Le Société de Sténographie du sud-ouest de la France.
L'Association sténographique française.
La Chambre syndicale des Patrons imprimeurs.
L'Association syndicale des Typographes.
L'Association des Lauréats des Cours.

COMITÉ D'ADMINISTRATION

MM. A. HAUSSER ✻, ingénieur en chef des Ponts et Chaussées, ingénieur à la Cie des Chemins de fer du Midi, *Président*.
E. BUHAN ✻, négociant, *Vice-Président*.
J. AVRIL, Ingénieur des arts et manufactures, *Secrétaire général.*
A. TISSEYRE, négociant, *Trésorier*.
F. SAMAZEUILH (✪ A.), banquier, membre de la Chambre de commerce, *Archiviste*.

Secrétaires adjoints :
J. BRANDENBURG, négociant,
L. GOYETCHE ✻✻✻, négociant, consul de Roumanie,
A. DUPUY, avoué au Tribunal civil,
G. FERRIÈRE ✻, ancien lieutenant de vaisseau,

Commissaires des dépenses :
E. SAUNIER, architecte,
G. SENGÈS, courtier de commerce, vice-consul de Turquie,
G. WIDEMANN, propriétaire,

COMMISSION DE SURVEILLANCE DES COURS D'ADULTES

Membres de droit.

MM. le Président de la Société Philomathique, *Président*.
Les Membres du Comité d'administration.
Le Directeur des Cours.
Les anciens Présidents de la Société en résidence à Bordeaux :
P. SOULIÉ-COTTINEAU ✻, avocat.

MM. J.-B. LESCARRET ✻ (✿ A.), professeur d'économie politique, ancien secrétaire de la Ville.

E. MAUREL ✻ (✿ A.), négociant, membre de la Chambre de commerce, ancien président du Tribunal de commerce.

E. AZAM ✻ (✿ I.), docteur-médecin.

Alf. DANEY (O. ✻) (✿ I.), négociant, maire de Bordeaux, membre de la Chambre de commerce.

J. COUTANCEAU ✻ (✿ A.), ingénieur des arts et manufact.

L. SAIGNAT (✿ I.), avocat, professeur à la Faculté de droit, président d'honneur de l'Association des lauréats.

J. CALVÉ, conseiller à la Cour, président d'honneur de l'Association des lauréats.

L. VITAL ✻, ingénieur en chef au corps des mines.

Th. LABAT ✻, ingénieur maritime, député, membre de la Chambre de commerce, président d'honneur de l'Association des lauréats.

A. BAYSSELLANCE (O. ✻), ingénieur de la marine en retraite, ancien maire de Bordeaux,

Membres élus.

MM. de LAGRANDVAL ✻ (✿ I.), professeur honoraire au Lycée *Vice-Président.*

H. RÖDEL (✿ A.), substitut du Procureur de la République, } *Secrétaires,*
LOPÈS-DIAS, ingénieur des arts et manuf., }

G. ARTUS, peintre décorateur.

Ch. BALDY, entrepreneur de charpenterie.

A. BARBEREAU, carrossier, ancien professeur aux cours d'adultes.

L. BEAUDIN, architecte.

J. BETBEDER, chef de bureau aux Chemins de fer du Midi, ancien président de l'Association des lauréats.

BOURRIÉ (✿ I.), professeur à l'École supérieure de commerce et d'industrie.

A. CHABRAT, négociant en chaussures, président de la Chambre syndicale de la cordonnerie.

E. COURBATÈRE, sculpteur, professeur à l'École des Beaux Arts.

MM. L. DOUCET, entrepreneur de maçonnerie, ancien professeur aux cours d'adultes.
J. DUMAS, négociant en lingerie.
P. FERHOS, entrepreneur de menuiserie.
FONTAINE, caissier à la Compagnie des Messageries marit.
F. FRAINAUD, négociant en lingerie.
J. GEBELIN (✿ I.), professeur à la Faculté des lettres.
GOGUEL (J.-E.) ✻, ancien sous-chef d'exploitation aux Chemins de fer du Midi.
JAHN, négociant.
KRAEMER (✿ I.), professeur au Lycée, ancien professeur aux Cours d'adultes.
LAFONTAINE (✿ A.), chef d'institution, membre du Conseil académique.
G. LAURIOL (✿ A.), peintre décorateur, professeur à l'École des Beaux-Arts.
E. LEVILLAIN (✿ I.), professeur à la Faculté de droit.
J. LÉVY, ingénieur des arts et manufactures.
J. MANÈS (✿ I.), ingénieur des arts et manufactures, directeur de l'École supérieure de commerce et d'industrie.
MARAN, négociant-tailleur, président de la Société syndicale et professionnelle des maîtres-tailleurs.
MORISOT (✿ I.), professeur à la Faculté des sciences.
J.-B. PÉREZ-HENRIQUE, négociant, président de l'Association des anciens élèves de l'École supérieure de commerce et d'industrie.
C. SORBE, chef d'institution.
A. SOYE, ingénieur des arts et manufactures.
L. SUTTLE, professeur.
VÈNE, ingénieur des arts et manufactures.

PERSONNEL DES COURS

Directeur.

M. C.-C. VERGEZ ✻ (✿ I.), greffier à la Cour d'appel, président d'honneur perpétuel de l'Association des lauréats.

Surveillants généraux des succursales.

Mme J. CABOUILLET, École supérieure, rue Pèlegrin.

MM. J.-L. CHAUDIER, directeur de l'École communale de la place Belcier.

A. DONIS, directeur de l'École communale de la rue Léonard-Lenoir.

G. DUMUR (✿ I.), directeur de l'École communale de la rue Francin.

A. THILLET, directr de l'École communale de la rue Dupaty.

Professeurs.

MM. Th. ALAUX (✿ A.), professeur au Lycée et à l'École supérieure de commerce et d'industrie.

H. ARTIGUE ✿, professeur à l'École supérieure de commerce et d'industrie.

Mlle L. BARADAT, maîtresse de couture.

MM. J. BARTIÉ, tapissier-décorateur.

A. BIARD (✿ I.), professeur au Lycée et à l'École supérieure de commerce et d'industrie.

BICHARRETTE, entrepreneur de tonnellerie.

J. BOURDIN, professeur au Lycée.

Ch. BRUDER (✿ A.), professeur.

J. BRUN, contremaître carrossier.

Mme J. CABOUILLET, chef de magasin.

MM. A. CAZENAVETTE, directeur honoraire d'École communale.

J.-L. CHAUDIER, directeur de l'École communale Belcier.

Th. COSSON, entrepreneur de serrurerie.

Mlle M. DUFFO, maîtresse de broderie à l'École communale supérieure.

MM. G. DUMUR (✿ I.), directeur de l'École communale Francin.

R. FRENEL, contremaître cordonnier.

J. GIRARD ✻ (✿ I.), directeur de l'École communale de la Croix-de-Seguey, membre du Conseil départemental de l'instruction publique.

A. GIRAULT (✿ A.), artiste peintre.

A. GOURHAN, professeur à l'École supérieure de commerce et d'industrie.

MM. G. GREGGORY, ingénieur des arts et manufactures et à la Cie des Chemins de fer du Midi.

G. HAMM, sculpteur.

Mme E. HAENDEL, professeur.

MM. H. KOWALSKI, ingénieur des arts et manufactures, professeur à l'École supérieure de commerce et d'industrie.

KÜNSTLER (✿ I.), professeur au Lycée.

A. LACHAUX, contremaître cordonnier.

P. LAMBERT, maître-tailleur.

P. LAMBOT, contremaître aux ateliers des Chemins de fer du Midi.

J. LAMONERIE, maître de chai.

A. LEBRETON, entrepreneur de charpenterie.

L. LONGUEVILLE, contremaître aux ateliers des Chemins de fer du Midi.

M. LONGUEVILLE, géomètre de la Ville, président de l'Association des Lauréats des Cours

M. LOUSSERT, attaché à la Mairie.

L. MÉRAC, expert-comptable.

C. MESTRE, chimiste-expert, secrétaire adjoint de la Société d'Agriculture.

L. MEYER, professeur au Lycée.

J. PARRAIN, professeur à l'École communale supérieure.

A. PASCAL, chef de bureau aux Chemins de fer du Midi.

Mlle J. RIGAL, maîtresse de lingerie à l'École communale supérieure.

MM. A. RIBÉREAU (✿ I.), professeur à la Faculté de droit et à l'École supérieure de commerce et d'industrie.

F. ROCHETTE, entrepreneur de menuiserie.

E. SAINSEVIN, instituteur.

Ch. SAINTPÉ (✿ A.), chef de bureau d'architecte.

L. SALOMON (✿ A.), artiste peintre, professeur honoraire à l'Institution nationale des Sourdes-Muettes.

MM. F. SARLIT (✿ A.), professeur à l'École supérieure de commerce et d'industrie.

Th. TAPIE, ancien directeur d'École communale.

G. TOUZÉ, entrepreneur d'ébénisterie.

A. TROLY (✿ A.), professeur au Lycée.

G. VALLET, entrepreneur de maçonnerie.

E. CARRÉ, contremaître menuisier, *professeur adjoint.*

Professeurs honoraires.

MM. P. DUPREUILH (✪ A.), professeur au Lycée.
J. FENASSE, instituteur.

MM. A. GIRAULT (✪ A.), *bibliothécaire.*
E. BIAUT, *préparateur des cours de sciences.*
LOSTE, *employé principal.*
MASSÉ, *employé à la bibliothèque.*
BRANDES, *surveillant-chef.*
LAFOSSE, *surveillant-mécanicien.*
NUBLAT, BRICHEAU, ALORY, MATHIEU, *surveillants.*

ANNÉE SCOLAIRE 1894-95

Élèves inscrits :

Cours de Femmes (29e exercice) :		
Section centrale à l'École professionnelle........	565	
Succursale..................................	218	
		783
Cours d'Hommes (57e exercice) :		
Section centrale à l'École professionnelle........	1,482	
Succursales.................................	159	
		1,641
TOTAL GÉNÉRAL des élèves inscrits......		2,424

NOMBRE DES COURS ET DES ÉLÈVES

COURS DE FEMMES

Section centrale, à l'École professionnelle

Lecture élémentaire. Professeur : M. J. Girard. Élèves inscrites : 29.

Lecture supérieure. Professeur : M. Th. Tapie. Élèves inscrites : 17.

Écriture. Professeur : M. A. Thillet. Élèves inscrites : 51.

Calligraphie. Professeur : M. A. Thillet. Élèves inscrites : 69.

Grammaire élémentaire. Professeur : M. A. Cazenavette. Élèves inscrites : 82.

Grammaire supérieure. Professeur : M. A. Cazenavette. Élèves inscrites : 63.

Arithmétique élémentaire. Professeur : M. J.-L. Chaudier. Élèves inscrites : 69.

Arithmétique supérieure. Professeur : M. G. Dumur. Élèves inscrites : 71.

Comptabilité. Professeur : M. G. Dumur. Élèves inscrites : 65.

Sténographie et Dactylographie élémentaires. Professeur : Mlle E. Haendel. Élèves inscrites : 18.

Sténographie et Dactylographie supérieures. Professeur : Mme E. Haendel. Élèves inscrites : 11.

Langue anglaise élémentaire. Professeur : M. A. Troly. Élèves inscrites : 47.

Langue anglaise supérieure. Professeur : M. A. Troly. Élèves inscrites : 32.

Langue espagnole élémentaire. Professeur : M. Th. Alaux. Élèves inscrites : 52.

Langue espagnole supérieure. Professeur : M. Th. Alaux. Élèves inscrites : 16.

Langue allemande élémentaire. Professeur : M. Ch. Bruder. Élèves inscrites : 35.

Langue allemande supérieure. Professeur : M. Kunstler. Élèves inscrites : 13.

Dessin d'ornementation élémentaire. Professeur : M. G. Hamm. Élèves inscrites : 121.

Dessin d'ornementation supérieur. Professeur : M. J. Bourdin. Élèves inscrites : 41.

Peinture. Professeur : M. L. Salomon. Élèves inscrites : 46.

Succursale de l'École communale supérieure, rue Pèlegrin

Coupe de vêtements élémentaire. Professeur : Mme J. Cabouillet. Élèves inscrites : 103.

Coupe de vêtements supérieure. Professeur : Mme J. Cabouillet. Élèves inscrites : 24.

Coupe de lingerie. Professeur : Mlle J. Rigal. Élèves inscrites : 15.

Broderie élémentaire. Professeur : Mlle M. Duffo. Élèves inscrites : 27.

Broderie supérieure. Professeur : Mlle M. Duffo. Élèves inscrites : 12.

Couture. Professeur : Mlle L. Baradat. Élèves inscrites : 11.

COURS D'HOMMES

Section centrale, à l'École professionnelle

Calligraphie. Professeur : M. A. Thillet. Élèves inscrits : 50.

Langue française supérieure. Professeur : M. A. Cazenavette. Élèves inscrits : 125.

Arithmétique supérieure. Professeur : M. F. Sarlit. Élèves inscrits : 79.

Algèbre. Professeur : M. F. Sarlit. Élèves inscrits : 46.

Géométrie élémentaire. Professeur : M. M. Longueville. Élèves inscrits : 54.

Géométrie supérieure. Professeur : M. F. Sarlit. Élèves inscrits : 18.

pentage et nivellement. Professeurs : MM. Braut, président de la Chambre syndicale des géomètres-experts de la Gironde; MM. Longueville, Rigal, Carrère, Girard, Bailby, membres de la Chambre. Élèves inscrits . 19.

Physique et Chimie générales. Professeur : M. E. Kowalski. Élèves inscrits : 20.

Chimie vinicole et viticole. Professeur : M. C. Mestre. Élèves inscrits : 23.

Comptabilité élémentaire. Professeur : M. G. Dumur. Élèves inscrits : 130.

Comptabilité supérieure et Bureau commercial. Professeur : M. L. Mérac. Élèves inscrits : 49.

Droit commercial. Professeur : M. A. Ribéreau. Élèves inscrits : 28.

Géographie. Professeur : M. J. Girard. Élèves inscrits : 24.

Langue anglaise élémentaire. Professeur : M. A. Biard. Élèves inscrits : 96.

Langue anglaise supérieure. Professeur : M. A. Troly. Élèves inscrits ; 38.

Langue allemande élémentaire. Professeur : M. L. Meyer. Élèves inscrits : 34.

Langue allemande supérieure. Professeur : M. L. Meyer. Élèves inscrits : 28.

Langue espagnole élémentaire. Professeur : M. J. Parrain. Élèves inscrits : 79.

Langue espagnole supérieure. Professeur : M. Th. Alaux. Élèves inscrits : 29.

Sténographie et Dactylographie élémentaires. Professeur : M. M. Loussert. Élèves inscrits : 28.

Sténographie et Dactylographie supérieures. Professeur : M. M. Loussert. Élèves inscrits : 11.

Dessin de Machines. Professeur : M. A. Pascal. Élèves inscrits : 123.

Dessin d'architecture. Professeur : M. Ch. Saintpé. Élèves inscrits : 97.

Dessin d'ornement. Professeur : A. Girault. Élèves inscrits : 154.

Dessin de carrosserie. Professeur : M. J. Brun. Élèves inscrits : 48.

Modelage. Professeur : M. G. Hamm. Élèves inscrits : 22.

Sculpture sur bois. Professeur : M. G. Hamm. Élèves inscrits : 15.

Coupe des pierres. Professeur : M. C. Vallet. Élèves inscrits : 81.

Coupe des bois de menuiserie. Professeur : M. F. Rochette; professeur adjoint : M. E. Carré. Élèves inscrits : 116.

Coupe des bois de charpenterie. Professeur : M. A. Lebreton. Élève inscrits : 41.

Ébénisterie. Professeur : M. G. Touzé. Élèves inscrits : 19.

Dessin et études appliqués aux arts décoratifs. Professeur : M. A. Girault. Élèves inscrits : 21.

Coupe pour tapissiers. Professeur : M. J. Bardié. Élèves inscrits : 36.

Coupe pour cordonniers. Professeurs : MM. R. Frenel et J. Lachaux. Cours élémentaire, élèves inscrits : 47. — Cours supérieur, élèves inscrits : 17.

Coupe pour tailleurs. Professeur : M. P. Lambert. Élèves inscrits : 63.

Chaudronnerie et Forgeage. Professeur : M. P. Lambot. Élèves inscrits : 35.

Ajustage et Moulage. Professeur : M. L. Longueville. Élèves inscrits : 34.

Serrurerie et Ferronnerie. Professeur : M. Th. Cosson. Élèves inscrits : 21.

Cours de chauffage des machines à vapeur (subventionné par la Chambre de commerce de Bordeaux). Professeur : M. G. Greggory. Élèves inscrits : 43.

Cours de conduite et d'entretien des machines à vapeur marines (subventionné par la Chambre de commerce de Bordeaux). Professeur : M. H. Artigue. Élèves inscrits : 33.

SUCCURSALES :

Section de l'École Belcier.

Traitement des vins. Professeur : M. J. Lamonerie. Élèves inscrits : 23.

Section de l'École Dupaty

Arithmétique. Professeur : M. E. Sainsevin. Élèves inscrits : 33.
Comptabilité. Professeur : M. A. Thillet. Élèves inscrits : 23.
Traitement des vins. Professeur : M. J. Lamonerie. Élèves inscrits : 21.
Tonnellerie. Professeur : M. J. Bicharrette. Élèves inscrits : 21.

Section de l'École Francin

Arithmétique. Professeur : M. G. Dumur. Élèves inscrits : 16.
Comptabilité. Professeur : M. A. Gourhan. Élèves inscrits : 8.

Section de l'École Léonard-Lenoir (La Bastide)

Arithmétique. Professeur : M. A. Donis. Élèves inscrits : 32.
Comptabilité. Professeur : M. Ch. Bruder. Élèves inscrits : 17.

Pour suivre les cours, il est indispensable d'avoir 15 ans révolus (un extrait de l'acte de naissance pourra être exigé), de s'être fait inscrire et d'avoir obtenu une carte d'admission, qui sera délivrée contre le paiement d'un droit d'inscription fixé à *un franc* par cours pour l'année. Cette carte est rigoureusement personnelle.

Les inscriptions seront reçues à l'École professionnelle le dimanche, de 8 heures du matin à midi, du 7 octobre au 2 décembre inclusivement. Elles seront également reçues le soir, du 4 au 16 octobre, de 8 heures à 9 h. 1/2 (dimanche excepté).

Pour chacune des séances d'inscription, des numéros d'ordre seront délivrés, la veille, à l'École.

Ouverture des cours. — A partir du jeudi 18 octobre, aux jours indiqués, pour les cours de Dessins, d'Arts décoratifs, de Modelage et de Sculpture sur bois.

A partir du lundi 22 octobre, aux jours indiqués, pour le cours d'ébénisterie et pour tous les cours de Coupe (pierre, bois, tapissiers, cordonniers et tailleurs).

A partir du lundi 5 novembre, aux jours indiqués, pour tous les autres cours.

Le cours d'Arpentage et Nivellement ayant lieu sur le terrain, l'ouverture en sera ultérieurement indiquée.

La bibliothèque des cours est mise à la disposition des élèves, qui peuvent emporter des livres chez eux aux conditions déterminées par le Règlement.

Le Directeur des Cours,

C.-C. VERGEZ.

Approuvé :

Le Président de la Société philomathique.

A.-E. HAUSSER.

Le Secrétaire général,

JULES AVRIL.

TABLE DES MATIÈRES

Bordeaux. — Imp. G. Gounouilhou, rue Guiraude, 11

www.ingramcontent.com/pod-product-compliance
Lightning Source LLC
LaVergne TN
LVHW080958230826
846092LV00006B/1061

9782329768625